零基础学MQL

基于EA的自动化交易编程

刘杰 / 编著

電子工業出版社
Publishing House of Electronics Industry
北京•BEIJING

内 容 简 介

本书从外汇自动化交易实战角度出发，将零碎的 MQL 知识点模块化，将复杂难懂的机器语言整合成一个个功能块，告别编写时从零开始的惯性思维，使学习者集中精力于策略部分，极具易学、易懂、易用的特性。本书主要介绍了：MQL 编写环境、常用函数、一套完整的策略的条件模块、下单模块、加减仓模块、平仓模块、显示模块以及作者对外汇圣杯之路的认识和体会。

图书在版编目（CIP）数据

零基础学 MQL：基于 EA 的自动化交易编程 / 刘杰编著. —北京：电子工业出版社，2019.2
ISBN 978-7-121-35147-1

Ⅰ. ①零…　Ⅱ. ①刘…　Ⅲ. ①程序语言－程序设计　Ⅳ. ①TP312

中国版本图书馆 CIP 数据核字（2018）第 225736 号

责任编辑：黄爱萍
印　　刷：涿州市般润文化传播有限公司
装　　订：涿州市般润文化传播有限公司
出版发行：电子工业出版社
　　　　　北京市海淀区万寿路 173 信箱　邮编：100036
开　　本：720×1000　1/16　印张：14.5　字数：232 千字
版　　次：2019 年 2 月第 1 版
印　　次：2025 年 4 月第 16 次印刷
定　　价：59.00 元

凡所购买电子工业出版社图书有缺损问题，请向购买书店调换。若书店售缺，请与本社发行部联系，联系及邮购电话：（010）88254888，88258888。
质量投诉请发邮件至 zlts@phei.com.cn，盗版侵权举报请发邮件至 dbqq@phei.com.cn。
本书咨询联系方式：（010）51260888-819，faq@phei.com.cn。

前　言

随着人们理财投资的方式越来越多样化、国际化，人们已经不满足于股票、期货等传统的投资方式。外汇投资因其 24 小时不间断交易、杠杆交易、多空交易、T+0 交易等特点，并逐渐被接受和认可，吸引了大批的投资者。据统计每天全球的外汇交易额高达 5.3 万亿美元，外汇市场是全球最大的金融市场之一。随着移动互联网和金融科技的兴盛，学习和掌握有关外汇投资的参与形式、盈利方式显得尤为必要。

虽然外汇市场有很多的优点，但是个人投资却面临着高达 95%的亏损比例，这个比例比我们通常说的股票市场盈亏的“二八法则”更加让人惊叹。即便还有 5%的人不亏损，但是不代表这 5%的人都是盈利的，这里面去除不赚不亏的，再去除略微盈利的，真正盈利的人寥寥可数。笔者曾有幸浏览过某外汇代理商的后台数据，其惨烈程度让人触目惊心。

我们个人参与外汇投资受制于时间和精力的限制（国际上的主要外汇交易所——纽约外汇市场的开盘时间是北京的深夜时间，该时间段汇率波动明显）、操盘能力的限制、人性弱点的限制、情绪的波动、外汇知识的限制等，想要在外汇市场盈利，难度可想而知。因此外汇市场 95%的亏损比例这个数值已经很保守了。笔者在此建议准备要进入外汇市场或者正在外汇市场搏杀，梦想着要在外汇市场“傲立群雄”的投资人士，一定要认清外汇市场惨烈的一面，不要听信别人有关外汇市场盈利高、容易以小博大的片面论断，就忽视外汇市场的风险，盲目地投入真金白银。

现在越来越多的人在操作外汇的时候选择自动化交易，把交易思路开发成电脑能够运行的程序，然后让程序替代人工操作，把我们从烦琐重复性的盯盘操作中解放出来。笔者很认同这种交易方式，因为我们没有那么多的时间和精力，更没有在行情到来时及时应对的时机和处变不惊的心态，而自动化交易程序却完美地解决了上述问题。当然笔者要澄清，并不是把一个人的交易思路开发成了交易程序，就可以万事大吉，等着数钱盈利了。自动化交易程序更多的是体现交易者交易思路的一个载具，它只是一个工具，能否盈利还要看交易者本身。但是不可否认，自动化交易越来越受欢迎。

让我们怀抱对技术的追求，来学习这本书！

让我们怀抱对外汇市场的理性，来学习这本书！

轻松注册成为博文视点社区用户（www.broadview.com.cn），扫码直达本书页面。

- **提交勘误**：您对书中内容的修改意见可在 提交勘误 处提交，若被采纳，将获赠博文视点社区积分（在您购买电子书时，积分可用来抵扣相应金额）。
- **交流互动**：在页面下方 读者评论 处留下您的疑问或观点，与我们和其他读者一同学习交流。

页面入口：*http://www.broadview.com.cn/35147*

目　　录

第 1 章 MQL4 语言简介

编程语言是计算机能够理解和识别用户意图的一种交互语言，其通过特定的规则运行。MQL 语言作为程序设计语言的一种，与我们耳熟能详的 C 语言、C++、Java、Python 语言等相比又有区别。MQL 语言编程框架和模式就是要告诉读者“编程其实也不是很难的事儿”，只要理解并掌握了其编写的框架，勤加练习就会有非常好的学习效果，下面就让我们一点点揭开 MQL 语言神秘的面纱，享受编程带给我们的便捷和高效。

1.1 MT4交易终端介绍

个人参与全球外汇零售业务也被称为外汇保证金交易。我们参与保证金交易需要在经纪商那里开户，类似于参与国内股票交易要到各大证券公司开户。在外汇经纪商开过户之后，就可以买卖外汇了。

现在通用的参与外汇交易的软件是 MT4（MetaTrader 4）交易终端，该软件由俄罗斯 MetaQuotes 软件公司研发，MT4 交易平台功能强大，页面简洁，操作方便，全球绝大多数经纪公司和来自全世界 30 多个国家的银行选择使用 MT4 交易软件作为网络交易平台。全球超过 90%的零售交易量是通过 MT4 平台成交的。而本书我们要介绍和深度学习的 MQL4（MetaQuotes

Language 4）编程语言，是一种 MT4 内置的程序语言，使用这种语言可以创建你自己的智能交易程序，使你的交易策略能够完全自动地执行。而且，MQL4 还能自定义客户指标、脚本和数据库等。MQL4 语言包括很多的变量，用来控制当前和前期的报价，还包括基本的算术、逻辑运算和特征。在语法上，MQL4 语言和 C 语言相似，但是它又有自身的一些具体特征。

在外汇经纪商处开立模拟账户或者实盘账户以后，就可以下载 MT4 交易软件。MT4 软件界面如图 1-1 所示。

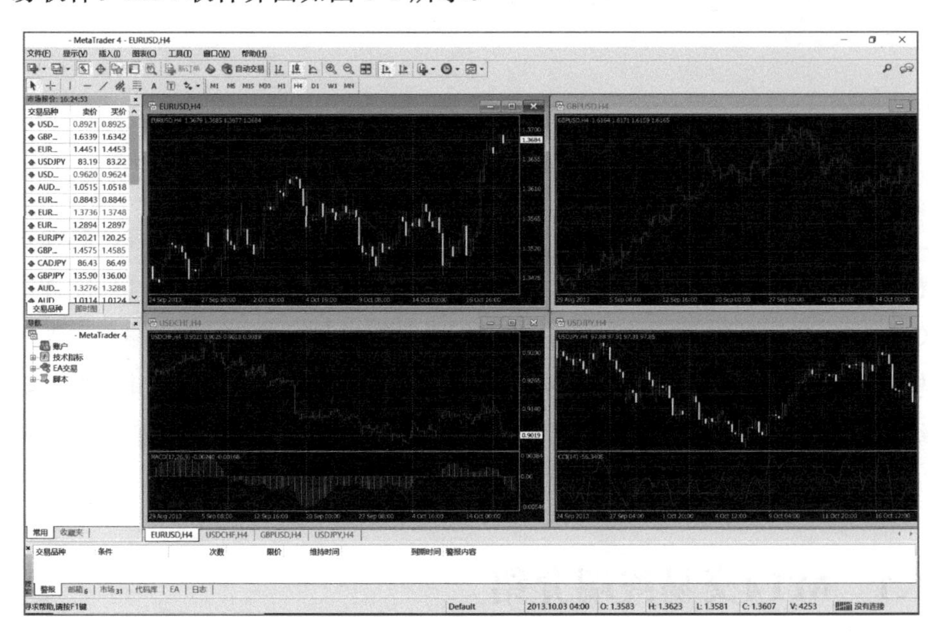

图 1-1　MT4 软件界面

关于 MT4 软件的下载和安装、使用不属于本书内容，在此我们不做过多的说明（现在 MetaQuotes 网站已支持 MT5 版，其原理及使用方法与 MT4 相似。）。

1.2　MQL语言编写环境介绍

打开 MT4 交易软件之后，点击 MT4 终端工具栏上面的“MQ 语言编辑器”图标（快捷键为 F4），如图 1-2 所示。就可打开 MQL4 语言编写界面，如图 1-3 所示。

图 1-2 “MQ 语言编辑器”图标

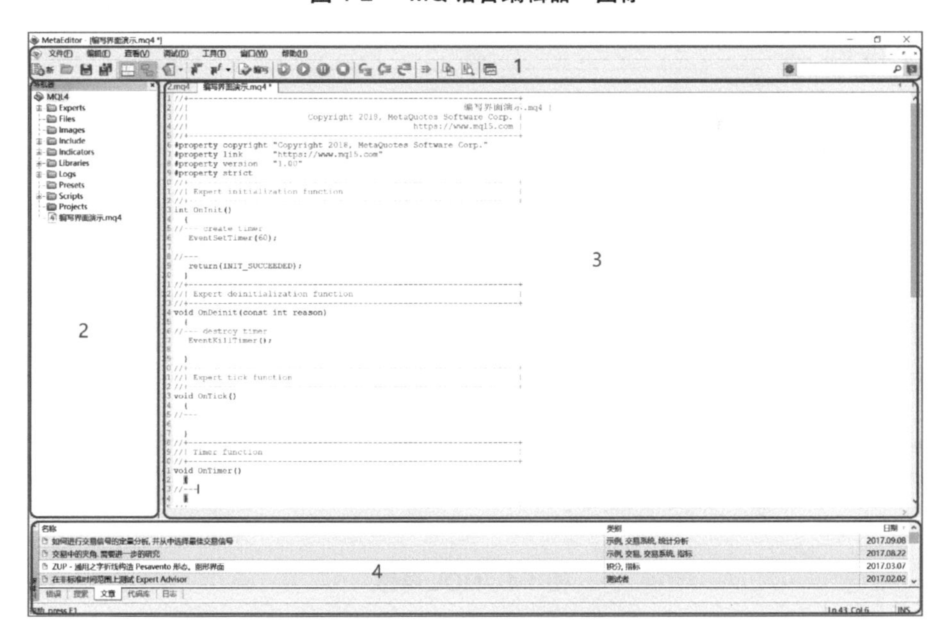

图 1-3　MQL4 语言编写界面

下面我们对 MQL4 语言编写界面做一个介绍，自动化交易程序的编写就在这个界面完成。该界面可以分为以下四个区域（如图 1-3 所示）。

区域 1：MQL 语言编辑器工具栏，主要用于打开、保存、编译程序等。

区域 2：MQL 语言编辑器导航栏，主要用于快速定位和打开 EA（Expert Advisor，外汇智能交易系统）、指标、脚本、包含类等。

区域 3：MQL 语言编辑器编写区域，主要用于编写、调试程序。

区域 4：MQL 语言编辑器工具箱，主要用于显示程序编译的结果和日志等。

1.2.1 新建一个模板

我们可以通过打开 MQL4 向导创建各类模板，该模板已经自动生成了一个空白程序。点击如图 1-3 所示的 MQL4 语言编写界面的区域 1 工具栏选项的“新建”图标，即可打开 MQL 向导，如图 1-4 所示。

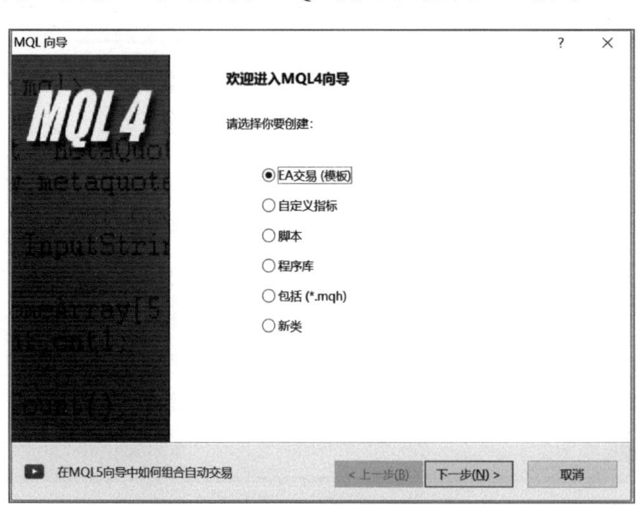

图 1-4　MQL 向导

通过 MQL 向导，我们可以创建 6 种程序模板：

- EA 交易模板

- 自定义指标模板
- 脚本模板
- 程序库模板
- 包含库模板
- 新类模板

下面我们以新建一个 EA 模板为例为大家做一个演示。

选中“EA 交易（模板）”，然后点击“下一步”，就打开了 EA 基本信息设置界面，如图 1-5 所示。

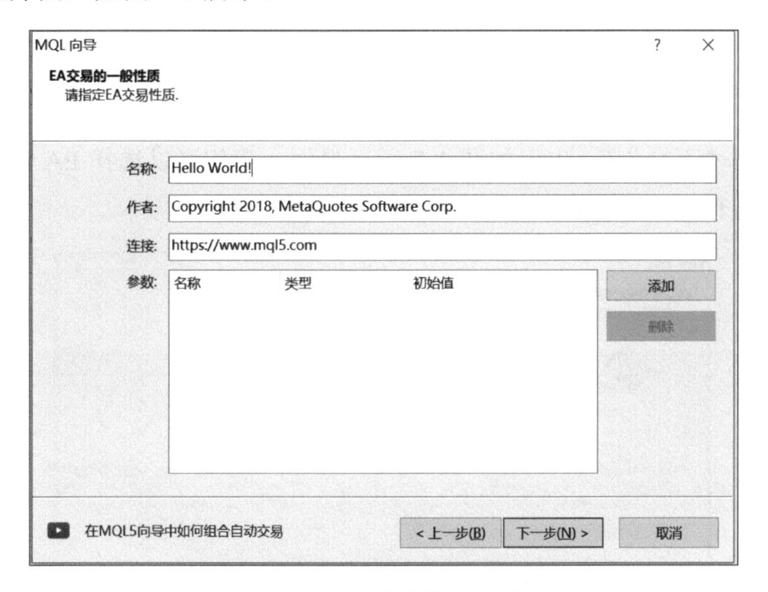

图 1-5　EA 基本信息界面

在图 1-5 界面中我们可以填写和 EA 有关的基本信息，包括 EA 名称、EA 作者、EA 链接地址等。如图 1-5 所示，我们新建一个名称为“Hello World!”的 EA 程序。

点击“下一步”。

如图 1-6 所示页面我们可以选择 EA 的交易事件处理函数。向导默认选中的是“OnTimer”。

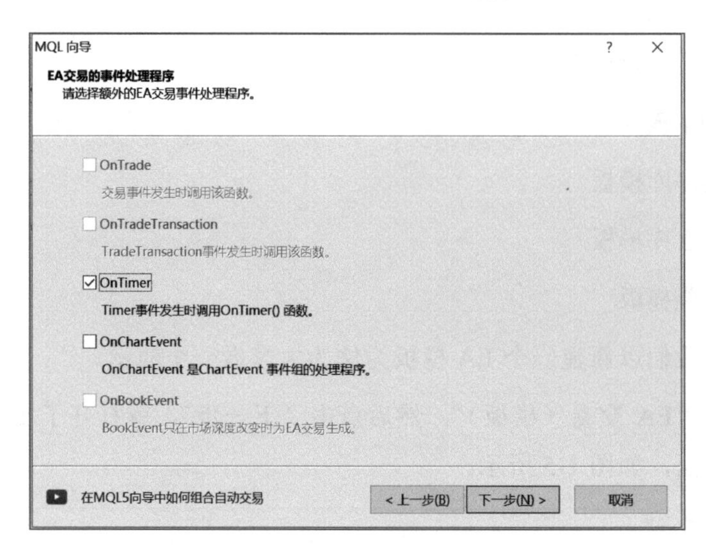

图 1-6　EA 交易事件处理程序选择界面

点击“下一步”，出现如图 1-7 所示界面，我们可以选择 EA 测试时的时间处理程序，选择默认程序即可。

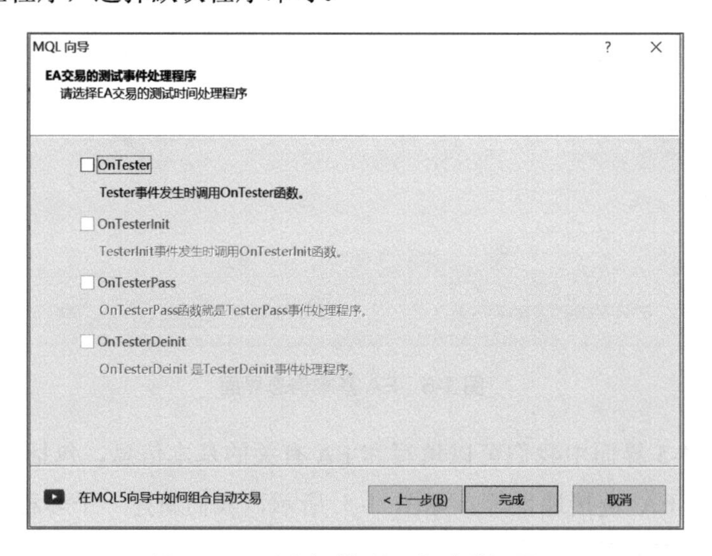

图 1-7　EA 测试时间处理程序选择界面

点击“完成”按键，我们就得到了一个名为“Hello World!”的空白 EA 程序，如图 1-8 所示。我们可以在 MQL4 语言编辑器编辑区域以这个空白模板为基础完善编写第一个 EA 程序。

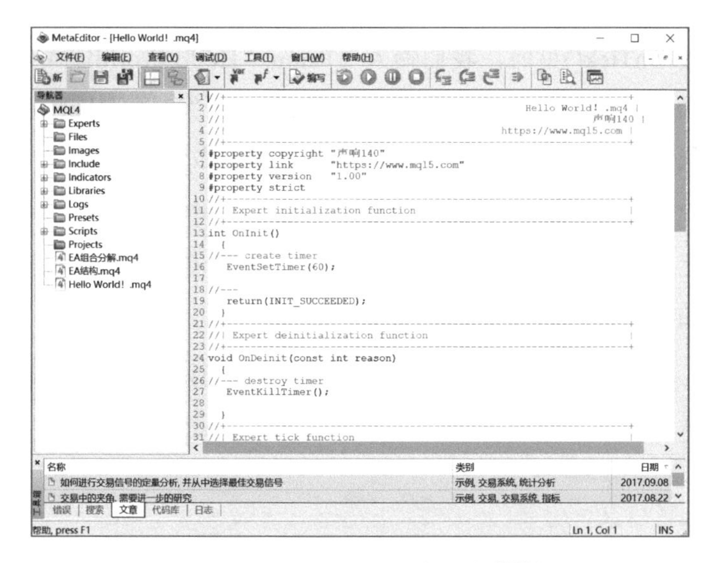

图 1-8 “Hello World!”向导生成模板

1.2.2　编写并加载运行“Hello World!”

现在我们编写了第一个 EA——Hello World!，该 EA 的目的是输出“Hello World!”这句话，如图 1-9 所示。

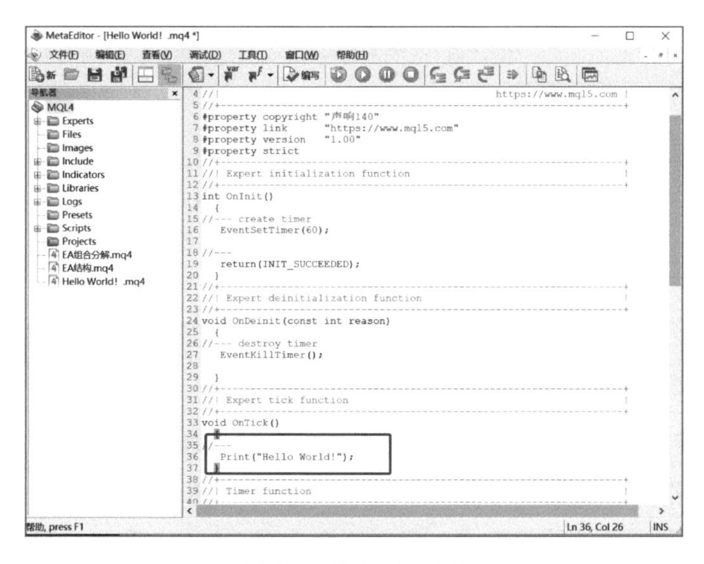

图 1-9　Hello World!

在函数 OnTick()里面，我们输入“Print(“Hello World!”);”这句话，意思就是当货币对价格跳动一次时，就打印一次“Hello World!”。具体的程序分析我们在下面章节中会详细介绍，此处只做演示用。

编写完成之后，点击工具栏上方的“编写”按键，如果没有错误，则会在工具栏显示“零错误”，说明我们的 EA 编写没有问题，已经通过了编译，可以加载运行，如图 1-10 所示。

注意：在编写完每一个程序之后都要对其进行编译处理，只有被编译过且没有错误的程序才能运行。

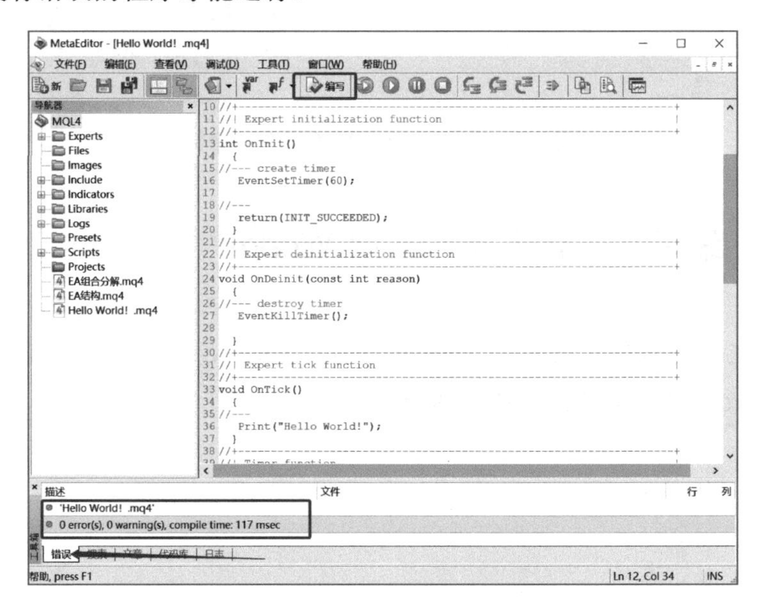

图 1-10　编译 EA“Hello World!”

加载运行 EA 的步骤如下。

第一步：点击 MT4 终端平台工具栏上的“自动交易”按钮，使 MT4 启动自动交易功能，如图 1-11 箭头 1 所指。

第二步：双击 MT4 终端导航栏的 EA 名称，如图 1-11 箭头 2 所指。如果 MT4 终端允许该货币对自动交易，则在货币对 K 线图表的右上角会出现 EA 的名称和一个笑脸的标志，反之则会出现 EA 名称和一个哭脸的标志，如图 1-11 箭头 3 所指。

我们的第一个 EA 的开发目的是打印出“Hello World!”这句话，运行该 EA 会在终端的“EA”选项处打印出“Hello World!”，如图 1-11 箭头 4 所指的区域所示。

图 1-11　加载运行 EA“Hello World!”

至此，我们完成了第一个 MT4 自动化交易程序“Hello World!”的编写和加载，虽然该 EA 没有什么实质性的内容，但是熟练掌握以上知识是我们进行后面章节的一个基础。通过对后面章节的学习，我们会逐渐丰满、充实我们的程序，为读者从实战角度构建一个快速编程的方法，使读者在学完本书之后能够顺利编写出自己的自动化交易程序。

1.3　本章总结

本章我们介绍了 MQL4 语言的编写环境，编译运行了第一个 EA 程序

"Hello World!"，旨在帮助大家对 MQL4 语言有个基本的认识和掌握，后面章节我们逐渐帮助读者构建一个快速编程的模板，带领大家高效编写自己的自动化交易程序。

MQL4 语言与 C 语言相比更加易学、易用。纵观各大书店与网络论坛，讲解如何掌握这门语言的图书与老师不在少数，但是最终真正学会的人却很少。大多学习这门语言的人都是没有编程基础和经验的，而多数教课老师却从最基础的语言基础步步深入，这种教课方式对于想要快速编写出自己的自动化交易程序的外汇从业者来说却是一个极大的障碍。出现的最大问题就是，在有老师讲解的时候能够跟上编程步伐，一到自己独立编写程序时就不知所措，不知该如何入手。

本书从另一个角度出发，将自动化交易程序的编写过程细化成一个个模块，同时给读者提供一个编写模板，让读者在编写的过程中省去烦琐的重复性劳动，专注于自己核心策略部分的编写。

第2章

2

编程基础知识储备

在第1章中，我们介绍了MQL语言的编写环境，同时编写了我们的第一个EA模板“Hello World!”，这个EA没有什么实质的内容，旨在通过这个EA的编写，让大家熟悉一下如何新建一个EA模板。在后面的章节中，我们会逐渐深入，慢慢为大家揭开自动化交易编程的神秘面纱，帮助大家在学习完本书之后也能快速编写出自己的EA。

在本章中，我们将学习一些编程的基础知识，在学习之前大家千万不要被以前固有的观念吓倒。什么固有的观念呢？那就是认为编程很难，需要极强的逻辑思维；编程语言很难学。MT4这个交易终端最大的优点在于，虽然这是款国外的软件，而且编程语言通用的是英文，但是MQL4语言却支持中文，这对于中国人来说是一个好消息。这一特点会让你在学习该语言时更加容易，如果你目前不会，那是因为你缺少学习的方法，相信自己，跟着本书学习，你一定能学会。当然，虽说该语言支持中文，但是有些系统自带的函数依然使用英文的表达方式。因此一些常用的、简单的英文还是要掌握的。本书讲述的编程方法会使用80%的中文，20%的英文。因此在本章中，我们将介绍一些常用的英文函数。

本书的主要目的是教会读者使用MQL4语言编写出自动化交易程序，也就是我们说的EA，因此我们对于EA的编写会着重讲解，对于指标和脚本我们不做详细介绍。

2.1 EA框架结构

既然要编写 EA，就需要对 EA 的结构有一个深刻的认识和掌握，需要知道一个完整的 EA 都有哪些部分组成，每一个组成部分都起到什么作用。这些是熟练编程的基础，因此十分重要。

一个完整的 EA 由 5 部分组成，分别是变量自定义模块、初始加载函数模块、退出加载函数模块、主程序模块和子函数存储模块，具体如图 2-1 所示。

```
//+------------------------------------------------------------------+
//|                                                      EA结构.mq4 |
//|                                                         声响140 |
//|                                           https://www.mql5.com |
//+------------------------------------------------------------------+
#property copyright "声响140"
#property link      "https://www.mql5.com"
#property version   "1.00"
#property strict
//+------------------------------------------------------------------+
//| Expert initialization function                                   |
//+------------------------------------------------------------------+
int OnInit()
  {
//---

//---
   return(INIT_SUCCEEDED);
  }
//+------------------------------------------------------------------+
//| Expert deinitialization function                                 |
//+------------------------------------------------------------------+
void OnDeinit(const int reason)
  {
//---

  }
//+------------------------------------------------------------------+
//| Expert tick function                                             |
//+------------------------------------------------------------------+
void OnTick()
  {
//---

  }
//+------------------------------------------------------------------+
```


图 2-1　EA 框架结构

区域 1：变量自定义模块。此模块主要用于声明各类变量和 EA 的属性，包括版本号、版权、链接等。编程语言不同于我们日常的语言，我们在用到一个变量的时候，必须对它进行变量声明，也就是必须对变量是什么数据类型、是不是全局变量等信息进行声明，否则程序不知道这个变量是什么，在编译的时候会报错，而区域 1 就是存放这些变量的。

区域 2：初始加载函数模块。此模块主要用于加载 EA 时运行，且只运行一次。有一些策略意图，例如在加载 EA 时核对账户号码是否被允许运行。如果某些策略要求不需要重复执行，只需要判断一次就可以，那么就需要在这个模块中编写相应的程序。我们要牢记一点，这个模块里的程序只在 EA 加载时运行一次，这是区别于主程序模块很重要的一点。

区域 3：退出加载函数模块。此模块主要用于退出 EA 程序时运行，且只运行一次。这个函数模块和加载函数模块一样，程序在这两个模块里不会重复运行，都只运行一次。两者区别在于，一个是加载程序时运行一次，一个是退出程序时运行一次。

区域 4：主程序模块。这个模块是我们编写程序的核心，自动化交易程序要求只要条件满足一次就要运行一次，因此我们策略的核心是，在这个模块里编写使其可以循环执行的程序。主程序策略的触发有两个函数：一个是 OnTick()，另一个是 OnTimer()。OnTick()是每当货币对的价格变动一次，程序就会触发运行一次，若价格不变动，那么程序就不会触发运行。OnTimer()是程序会根据我们预设的时间执行，比如我们预设时间为 1 秒，程序执行的规则是每过 1 秒就执行一次，且不管该货币对的价格有没有变动，将一直循环下去，除非退出 EA。主程序模块是循环执行的，与加载函数模块和退出函数模块只执行一次有根本的区别。

区域 5：子函数存储模块。这个模块存储的是我们要在其他模块中使用的子函数。在本书的后面章节中，我们将要构造很多子函数，这些子函数将被放置在这里作为一个模板，供我们在使用的时候调用。就像建造房屋一样，我们在建房子之前，把砖头、钢筋、混凝土等建筑材料放置在物料场，在建房子过程中需要什么材料，就去物料场取什么材料，简单有序、安全高效。我们的模块化编程也是一样的操作，在具体的编程过程中，把必须用到的和经常用到的子函数存放在这里构成一个模板。既然是模板就不需要重复编写，只需要在模板的基础上对子函数进行一个合适的调用，并且对策略条件进行一个精确的编写，就能达到我们的编写目的，简单而高效。

2.2　EA运行规则

我们做任何事情都要遵循一定的规则，无规矩不成方圆，EA 的运行也是一样的道理。比如有的 EA 成百上千行，如果没有一套约束机制，EA 一会儿读这一句，一会儿执行那一句，最终的结果就是一团糟。没有规则地放任 EA 运行很难达到我们编程的目的。因此学习编程要知道 EA 是怎样运行的，有什么规则要遵守。

EA 执行程序语句按照从上到下、从左到右的顺序。

我们以图 2-2 所示的 EA 为大家做一个演示。下面的程序是一个简单的策略，该策略的一个亮点就是主程序使用的是 80%的中文，只要你能看懂中文、略懂英文，就能看明白该策略。我们后续的编写都将采用这种形式，这也是本书的一个特点。

```
32 //+------------------------------------------------------------------+
33 void OnTick()
34   {
35 //---
36 货币对=Symbol();
37 户口检查管理();
38 if(买单数量==0){买上();}
39 if(买单数量>0&&买单盈利>0){关闭买上();}
40
41 if(卖单数量==0){卖下();}
42 if(卖单数量>0&&卖单盈利>0){关闭卖下();}
43
44   }
45 //+------------------------------------------------------------------+
```

图 2-2　EA 运行规则

在这个程序中只是将主程序模块做了截图，其他的模块构成我们的编写模板，本书所有的策略都是在编写模板上进行的，EA 其他模块基本相同，区别就在于主程序模块。按照第 2.1 节讲到的 EA 结构，主程序模块是策略的核心，它有两种运行函数，在这个例子中用到的是 OnTick()，意思是每当货币对的价格变动一次，主程序就执行一次。

下面我们对这个策略进行详细讲解，帮助大家深刻认识 EA 的运行规则。按照执行顺序从上到下，从左到右的规则，EA 依照下列顺序执行相应的程序。

第一步执行“货币对=Symbol()”。意思是先给 EA 明确要操作的货币对名称。

第二步执行“户口检查管理()”。该子函数是模板中的一个，存放在子函数存储模块，主要完成有关该货币对买卖单数量、买卖单盈亏的计算。

第三步执行“if(买单数量==0){买上();}”。意思是如果买单的数量为 0，也就是没有买单，那么就执行“买上()”，完成一个下买单的动作。

第四步执行“if(买单数量>0&&买单盈利>0){关闭买上();}”。意思是如果市场上该货币对有买单，同时买单的盈利大于零，那么就执行“关闭买上()”，把该货币对全部买单平仓。

第五步执行“if(卖单数量==0){ 卖下();}”。意思是如果卖单的数量为 0，也就是没有卖单，那么就执行“卖下()”，完成一个下卖单的动作。

第六步执行“if(卖单数量>0&&卖单盈利>0){关闭卖下();}”。意思是如果市场上该货币对有卖单，同时卖单的盈利大于零，那么就执行“关闭卖下()”，把该货币对全部卖单平仓。

每当加载 EA 的货币对价格变动一次，EA 就按照上面的步骤运行一次，一直循环执行，直到退出程序。

根据 EA 运行的顺序规则，我们在编写过程中不能随心所欲地编写，一定要在 EA 运行规则的框架下操作。如果在编写的过程中不是按照上面的步骤顺序操作的，比如把第一步和第二步的程序放置到后面运行，那么造成的结果则是不会开单。因为程序只有运行过第一步和第二步才能计算出下面要用到的自定义变量。

2.3 变量与函数

学习完 EA 的框架和 EA 运行的顺序规则后，我们要针对 MQL4 的函数进行学习，这里也是要求我们要懂一点英文的地方，因为系统自带的子函数都是用英文表示的。MQL4 提供了大量的系统自带函数，在学习的过程中，不需要对函数具体的内部构造一清二楚，但是一定要能够熟练使用。

2.3.1 变量

1. 变量类型

我们在使用变量的时候需要对变量的类型进行预先声明，只有声明过的变量才能使用，若直接使用未声明变量则系统会报错误。

常见的变量类型有 double、int、string、bool 等，下面具体介绍。

（1）double

```
double - 浮点型数据
```

由整数部分、小数点(.)和小数部分组成，其中整数部分和小数部分都是一组十进制数字。

示例：

```
double 下单量=0.08;
double 总盈亏;
```

（2）int

```
int - 整型数据
```

占用 4 字节的内存空间，其数值范围介于-2147483648～2147483647之间。

示例：

```
int 止损点数=200;
```

```
int 魔术号;
```

（3）string

```
string - 字符串数据
```

字符串数据，是用双引号括起来的英文或中文字符串。

示例：

```
string 货币对;
```

（4）bool

```
bool - 布尔型（Boolean） 变量
```

布尔型（Boolean）变量，用来表示真值（true）和假值（false），还可以用数字 1 和 0 表示。

示例：

```
bool 启动警报=true;
```

上面介绍的是常用的数据类型，在编程过程用到的还有颜色（color）和时间（datatime），但这两个数据类型仅仅是为了让我们更清楚地区分图表内容。

2. 外部变量

除了这些数据类型以外，MQL4 还有一些系统保留字，每个保留字严格区分大小写，否则 MQL4 不识别，把光标放在命令上按快捷键 F1，能快速找到此命令的解释。保留字有 extern 和 static。

extern 是外部变量的保留字。

```
extern - 外部定义变量
```

外部定义的可变变量，在数据类型公布之前指定外部变量。

示例：

```
extern bool 启动警报=true;
extern int 止损点数=200;
extern  double 下单量=0.08;
```

在变量前面加上 extern，表示这些变量是外部变量，我们可以在加载运行 EA 之前对这些变量的数值进行设置，如图 2-3 所示。

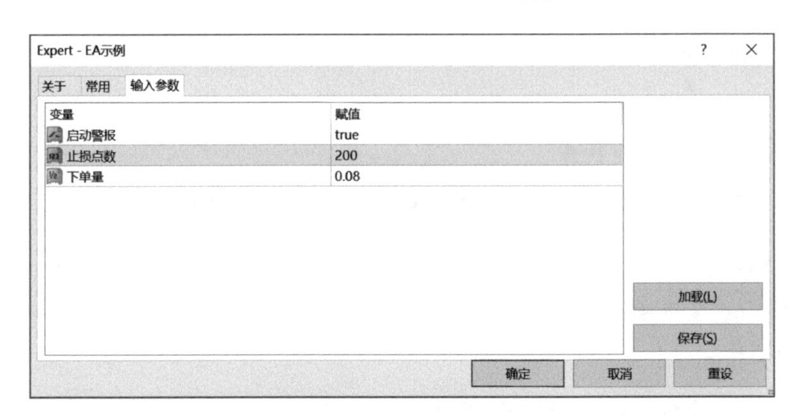

图 2-3　外部变量演示

3. 静态变量

```
static - 静态变量
```

静态存储类型用于定义一个静态变量，在数据类型前指定 static 说明符，说明定义的是一个静态变量。

示例：

```
static int flag=10;
```

静态变量被存放在内存静态存储区里，在函数运行结束后静态变量的值不会丢失。同一模块内的所有变量，除函数的形参变量以外，都能被定义成静态变量。静态变量只能由相应类型的常量初始化，这一点与一般的局部变量有所不同，局部变量可由任意类型的表达式进行初始化。如果静态变量没有明确的初始化值，它将被初始化为零。静态变量只可以在初始加载函数之前初始化一次。当从定义了静态变量的函数内部退出时，静态变量值不会丢失。

4. 全局变量和局部变量

在编程中还有两个十分重要的概念：全局变量和局部变量。全局变量就是在全部模块里面都可以使用的变量；局部变量是在特定模块里面使用的变量，在特定模块之外就不能使用了。

例如，我们后面要讲到的一个“关闭买单”模块，模块里面的“卖价”“手数”“订单类型”“i”“result”“订单号”这些变量就是局部变量，在其他的函数模块里面就不能使用，否则编译的时候就会出错，具体如下。

```
//+--------------------------------------------------------------------
//| 关闭买单模块                                                    |
//+--------------------------------------------------------------------
   void 关闭买上()
         {
            //定义要用到的局部变量
            double 卖价;
            double 手数;
            int 订单类型;
            int i;
            bool result = false;
            int 订单号;
            //遍历所有订单
            for(i=OrdersTotal()-1;i>=0;i--)
               {
                 if(OrderSelect(i, SELECT_BY_POS))
                   {
                       ////选择符合要求的订单
              if(OrdersTotal()>0
              &&OrderSymbol()==货币对
              &&OrderMagicNumber()==MAGIC)
                          {
                            //获取要用到的变量数值
                            卖价=MarketInfo(货币对,MODE_BID);
                            订单号=OrderTicket();
                            手数=OrderLots();
                            订单类型=OrderType();
                            switch(订单类型 )
                                {
            //如果是买单类型，则将其关闭
   case OP_BUY:
   result = OrderClose(订单号, 手数, 卖价, 滑点, Yellow);
                                     break;
                                }
```

```
                        }
                    }
                }
            }
```

虽然只需要将全局变量放置到模块之外即可，但是考虑到编程的规范，笔者建议在编写的时候把全局变量统一放置到 EA 框架的自定义变量模块区域中。

2.3.2 K 线相关函数

我们在学习投资分析技术的过程中接触最多的应该就是 K 线。K 线看似简单，但是由它延伸发展出来的技术流派却数不胜数，因此学习 MQL4 编程，首先要学习与 K 线相关的内容。在介绍与 K 线相关的函数之前，首先介绍一个与 K 线和我们后面要编写的策略都有重要联系的知识点——K 线的序号。

MQL4 编程语言规定：K 线的序号从最右侧开始，依次是第 0 根 K 线，第 1 根 K 线，第 2 根 K 线……第 0 根 K 线表示的就是当前 K 线。如图 2-4 所示，K 线序号从右向左，分别是 0、1、2、3、4……

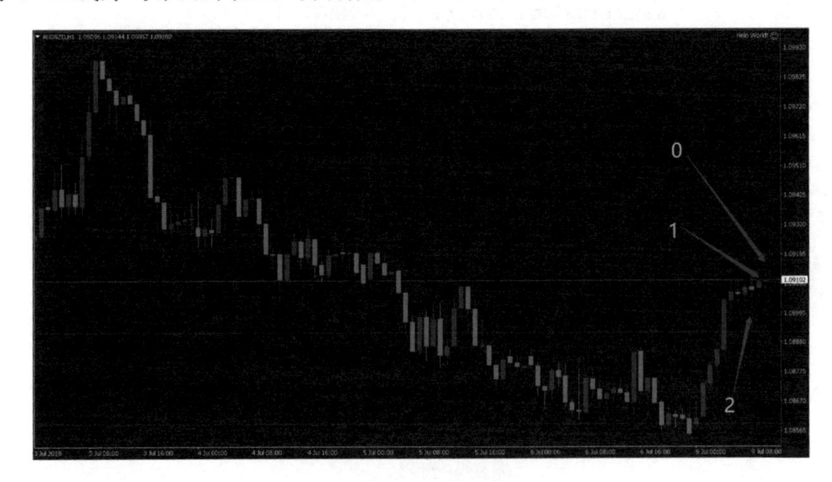

图 2-4　K 线的序号

K 线的序号虽然简单，但却是我们下面要介绍的函数很重要的组成部分。如果不清楚 K 线的序号，就不会对 MQL4 语言中的 K 线数值的表达有一个清楚的认识。

1. K线开盘价格

（1）Open[i]

```
Open[i] - 开盘价格
```

开盘价格，i 为 K 线的序号。

示例：

```
Open[0]  表示的是当前货币对、当前周期第 0 根 K 线的开盘价格。
Open[10] 表示的是当前货币对、当前周期第 10 根 K 线的开盘价格。
```

（2）iOpen()

```
iOpen(string 货币对名称,int 时间周期,int K 线序列)。 - 开盘价格
```

开盘价格，包含的 3 个参量分别是：货币对名称、时间周期和 K 线序列。在使用时要指定这 3 个参量。

示例：

```
iOpen("USDCHF",PERIOD_H1,0):  获取的是货币对"USDCHF"一小时周期第 0
根 K 线的开盘价格。
```

以上两个函数都是获取 K 线开盘价格的，区别是 Open[i]获取的是当前货币对、当前时间周期指定 K 线序号的开盘价格；iOpen()获取的是特定货币对、特定时间周期指定 K 线序号的开盘价格。iOpen (NULL, 0, 0)的取值与 Open[0]相同，都是获取当前货币对、当前时间周期第 0 根 K 线的开盘价格。iOpen()不用在特定货币对加载 EA，可以直接获取特定货币对指定周期的开盘价格，我们在编写多货币对策略时会用到。如果我们的策略是针对单货币对的，那么使用 Open[i]即可。

2. K线收盘价格

（1）Close[i]

```
Close[i] - 收盘价格
```

收盘价格，i 为 K 线的序号。

示例：

```
Close[0]  表示的是当前货币对、当前周期第 0 根 K 线的收盘价格。
Close[10] 表示的是当前货币对、当前周期第 10 根 K 线的收盘价格。
```

（2）iClose()

```
iClose(string 货币对名称,int 时间周期,int K 线序列)。 - 收盘价格
```

收盘价格包含 3 个参量，分别是货币对名称、时间周期和 K 线序列。在使用时要指定这 3 个参量。

示例：

```
iClose("USDCHF",PERIOD_H1,0):   获取的是货币对"USDCHF"一小时周期
第 0 根 K 线的收盘价格。
```

以上两个函数都是获取 K 线收盘价格的，区别是 Close[i]获取的是当前货币对、当前时间周期指定 K 线序号的收盘价格；iClose()获取的是特定货币对、特定时间周期指定 K 线序号的收盘价格。iClose (NULL, 0, 0)的取值与 Close[0]相同，都是获取当前货币对、当前时间周期第 0 根 K 线的收盘价格。iClose()不用在特定货币对加载 EA，可以直接获取特定货币对指定周期的收盘价格，我们在编写多货币对策略时会用到。如果我们的策略是针对单货币对的，那么使用 Close[i]即可。

3. K线最高价格

（1）High[i]

```
High[i] - 最高价格
```

最高价格，i 为 K 线的序号。

示例：

```
High[0]  表示的是当前货币对、当前周期第 0 根 K 线的最高价格。
High[10] 表示的是当前货币对、当前周期第 10 根 K 线的最高价格。
```

（2）iHigh()

```
iHigh(string 货币对名称,int 时间周期,int K 线序列)。 - 最高价格
```

最高价格包含 3 个参量，分别是货币对名称、时间周期和 K 线序列。在使用时要指定这 3 个参量。

示例：

```
iHigh("USDCHF",PERIOD_H1,0):   获取的是货币对"USDCHF"一小时周期第
0 根 K 线的最高价格。
```

以上两个函数都是获取 K 线最高价格的，区别是，High[i]获取的是当前货币对、当前时间周期指定 K 线序号的最高价格；iHigh()获取的是特定货币对、特定时间周期指定 K 线序号的最高价格。iHigh (NULL, 0, 0)的取值与 High[0]相同，都是获取当前货币对、当前时间周期第 0 根 K 线的最高价格。iHigh()不用在特定货币对加载 EA，可以直接获取特定货币对指定周期的最高价格，我们在编写多货币对策略时会用到。如果我们的策略是针对单货币对的，那么使用 High[i]即可。

4. K线最低价格

（1）Low[i]

```
Low[i] - 最低价格
```

最低价格，i 为 K 线的序号。

示例：

```
Low[0]  表示的是当前货币对、当前周期第 0 根 K 线的最低价格。
Low[10] 表示的是当前货币对、当前周期第 10 根 K 线的最低价格。
```

（2）iLow()

```
iLow(string 货币对名称,int 时间周期,int K 线序列)。 - 最低价格
```

最低价格包含 3 个参量，分别是货币对名称、时间周期以及 K 线序列。在使用时要指定这 3 个参量。

示例：

```
iLow("USDCHF",PERIOD_H1,0):   获取的是货币对"USDCHF"一小时周期第 0
根 K 线的最低价格。
```

以上两个函数都是获取 K 线最低价格的，区别是，Low[i]获取的是当前货币对、当前时间周期指定 K 线序号的最低价格；iLow()获取的是特定货币对、特定时间周期指定 K 线序号的最低价格。iLow (NULL, 0, 0)的取值与 Low[0]相同，都是获取当前货币对、当前时间周期第 0 根 K 线的最低

价格。iLow()不用在特定货币对加载 EA，可直接获取特定货币对指定周期的最低价格，我们在编写多货币对策略时会用到。如果我们的策略是针对单货币对的，那么使用 Low [i]即可。

5. K线开盘时间

（1）Time[i]

```
Time[i] - 开盘时间
```

开盘时间，i 为 K 线的序号。

示例：

```
Time[0]  表示的是当前货币对、当前周期第 0 根 K 线的开盘时间。
Time[10] 表示的是当前货币对、当前周期第 10 根 K 线的开盘时间。
```

（2）iTime()

```
iTime(string 货币对名称,int 时间周期,int K 线序列)。 - 开盘时间
```

开盘时间包含 3 个参量，分别是货币对名称、时间周期以及 K 线序列。在使用时要指定这 3 个参量。

示例：

```
iTime("USDCHF",PERIOD_H1,0):   获取的是货币对"USDCHF"一小时周期第
0 根 K 线的开盘时间。
```

以上两个函数都是获取 K 线开盘时间的，区别是，Time[i]获取的是当前货币对、当前时间周期指定 K 线序号的开盘时间；iTime()获取的是特定货币对、特定时间周期指定 K 线序号的开盘时间。iTime (NULL, 0, 0)的取值与 Time[0]相同，都是获取当前货币对、当前时间周期第 0 根 K 线的开盘时间。iTime()不用在特定货币对加载 EA，可以直接获取特定货币对指定周期的开盘时间，我们在编写多货币对策略时会用到。如果我们的策略是针对单货币对的，那么使用 Time[i]即可。

6. K线相关函数演示

获取第 0 根 K 线的相关函数数值，并将其打印出来加深对 K 线相关函数的认识和理解，核心源码如图 2-5 所示。

```
30 //+------------------------------------------------------------------+
31 //| Expert tick function                                             |
32 //+------------------------------------------------------------------+
33 void OnTick()
34   {
35 //---
36   double 开盘价格=Open[0];
37   double 收盘价格=Close[0];
38   double 最高价格=High[0];
39   double 最低价格=Low[0];
40   datetime 开盘时间=Time[0];
41   Print("开盘价格="+DoubleToString(开盘价格));
42   Print("收盘价格="+DoubleToString(收盘价格));
43   Print("最高价格="+DoubleToString(最高价格));
44   Print("最低价格="+DoubleToString(最低价格));
45   Print("开盘时间="+DoubleToString(开盘时间));
46   }
47 //+------------------------------------------------------------------+
48
```

图 2-5　K 线相关函数演示

编译运行的结果如图 2-6 所示（切记：新编 EA 或者改动 EA 后，必须进行编译处理）。

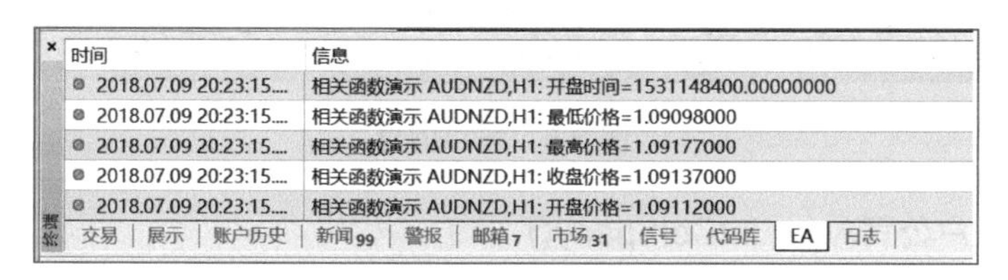

图 2-6　运行结果

在 K 线相关函数的演示过程中，我们用到了中文自定义和系统自带的其他几个函数，在本书的讲解过程中，会沿着实战编写自动化交易程序这条主线进行，而不做类似《新华字典》一样的工具类书籍，因为笔者相信市面上的 MQL4 编程工具类书籍，不会比 MQL4 自带的帮助文档更全面。笔者希望读者通过学习本书知识能够编写出自己的自动化交易程序，而非学习了很多函数后依然不会编写。所以对于后面的章节我们会对主线之外的函数做一个简单介绍，而并不深入探讨，因为我们的最终目的是帮读者学会使用这些函数，而不会陷入函数研究的泥潭里不能自拔。

2.3.3　账户相关函数

在外汇经纪商公司开过账户之后会得到一个账号，登录账号就可以查看与账户相关的一些信息，包括账户名称、平台杠杆、是否支持 EA、账户余额、账户净值等信息，如图 2-6 所示。在编写自动化交易程序的过程中，可以通过程序语言非常方便地获取这些信息。

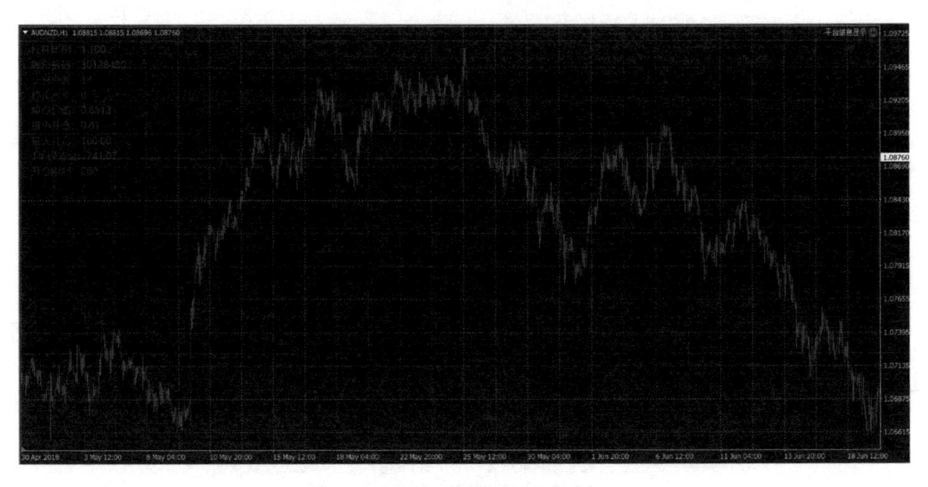

图 2-6　账户信息

1．账户公司AccountCompany()

```
AccountCompany() - 账户公司
```

数据类型为 string。

返回数值为账户公司的名称。

示例：

```
Print("账户公司是"+AccountCompany());
```

2．账户号码AccountNumber()

```
AccountNumber() - 账户号码
```

数据类型为 int。

返回的数值为账户的号码。

示例：

```
Print("账户号码是"+ AccountNumber());
```

3．账户名称AccountName()

```
AccountName() - 账户名称
```

数据类型为 string。

返回数值为账户的名称。

示例：

```
Print("账户名称是"+ AccountName());
```

4．服务器名称AccountServer()

```
AccountServer() - 服务器名称
```

数据类型为 string。

返回的数值为服务器名称。

示例：

```
Print("服务器名称是"+ AccountServer());
```

5．杠杆比例AccountLeverage()

```
AccountLeverage() - 杠杆比例
```

数据类型为 int。

返回的数值为账户的杠杆比例。

示例：

```
Print("杠杆比例是"+ AccountLeverage());
```

6．账户余额AccountBalance()

```
AccountBalance() - 账户余额
```

数据类型为 double。

返回的数值为账户的余额。

示例：

```
Print("账户余额是"+ AccountBalance());
```

7．账户净值AccountEquity()

```
AccountEquity() - 账户净值
```

数据类型为 double。

返回的数值为账户的净值。

示例：

```
Print("账户净值是"+ AccountEquity());
```

8. 账户可用保证金AccountFreeMargin()

```
AccountFreeMargin() - 账户可用保证金
```

数据类型为 double。

返回的数值为账户的可用保证金。

示例：

```
Print("账户可用保证金是"+ AccountFreeMargin());
```

9. 账户已用保证金AccountMargin()

```
AccountMargin() - 账户已用保证金
```

数据类型为 double。

返回的数值为账户的已用保证金。

示例：

```
Print("账户已用保证金是"+ AccountMargin());
```

10. 账户利润AccountProfit()

```
Accountprofit() - 账户利润
```

数据类型为 double。

返回的数值为账户利润。

示例：

```
Print("账户利润是"+ AccountProfit());
```

与账户相关的函数还有很多，但我们只讲解实战过程中经常要用到的函数。如果你要用到的函数不在上述所列之中，可以自行查找帮助文档。帮助文档的打开方式是在 MQL4 语言编写界面按“F1”键进入，可以在搜索栏搜索要查找的函数。

2.3.4 市场信息函数

通过市场信息函数可以获取指定货币对的相关信息数据，包括货币对的卖价、买价、点差、最大下单量、最小下单量等。具体函数如下：

```
MarketInfo() - 获取市场相关信息
double MarketInfo(string symbol, int type)
```

在市场观察窗口中，函数返回不同货币对的相关信息数据。

参数：

- symbol，货币对名称。
- type，请求返回定义的信息类型标识符，可以是请求标识符的任意值。

示例：

```
double bid   =MarketInfo("EURUSD",MODE_BID);
double ask   =MarketInfo("EURUSD",MODE_ASK);
double point =MarketInfo("EURUSD",MODE_POINT);
int    digits=MarketInfo("EURUSD",MODE_DIGITS);
int    spread=MarketInfo("EURUSD",MODE_SPREAD);
```

type 数值不同，获取的信息数据不同，常用的信息数据类型参数如下。

- MODE_BID：最新收到的买价。对于当前货币对，它被保存在预定义变量 Bid 中，意思是如果要获取当前货币对的最近买价，直接使用 Bid 即可。
- MODE_ASK：最新收到的卖价。对于当前货币对，它被保存在预定义变量 Ask 中。
- MODE_POINT：当前报价的点值。对于当前货币对，它被保存在预定义变量 Point 中。例如，我们编写下单函数用到的 200 点止损、止盈，如果是当前货币对，则可以直接用“200*Point”来表示。
- MODE_DIGITS：在货币对价格中小数点后面的小数位数。对于当前货币对，它被保存在预定义变量 Digits 中。
- MODE_SPREAD：货币对的点差。

- MODE_STOPLEVEL：可以允许的最小止损位距离点数。
- MODE_LOTSIZE：基本货币的标准手大小。
- MODE_TICKVALUE：当前品种报价每一跳的价值。
- MODE_TICKSIZE：当前品种报价每一跳的大小。
- MODE_SWAPLONG：看涨仓位掉期。
- MODE_SWAPSHORT：卖空仓位掉期。
- MODE_MINLOT：允许交易的最小手数。
- MODE_LOTSTEP：交易手数的最小增量。
- MODE_MAXLOT：允许交易的最大手数。
- MODE_MARGININIT：标准手的初始保证金需求。

MarketInfo()函数可以获取指定货币对的选定数值，我们只需要在指定货币对的同时指定信息数据类型即可。同账户信息函数一样，我们只对经常使用的函数做一个解释说明，更多的信息请查阅 MQL4 帮助文档。

2.3.5 时间函数

在编程的过程中，我们会用到有关时间的计算，例如，限定账户在具体的时间段运行等，MQL4 提供了相应的时间函数。

（1）Day()

```
Day() - 获取当前服务器时间的日。
```

数据类型为 int。

例如：

```
返回的数值为 7，表示服务器时间为 7 日。
```

（2）DayOfWeek()

```
DayOfWeek() - 获取当前服务器时间的星期数。
```

数据类型为 int。

例如：

```
返回的数值为 3，表示服务器时间为星期三。
```

（3）Year()

```
Year() - 获取当前服务器时间的年。
```

返回当前服务器时间的年。

数据类型为 int。

例如：

```
返回的数值为 2018，表示服务器时间为 2018 年。
```

（4）Month()

```
Month() - 获取当前服务器时间的月。
```

返回当前服务器时间的月。

数据类型为 int。

例如：

```
返回的数值为 2，表示服务器时间为 2 月。
```

（5）Hour()

```
Hour() - 获取当前服务器时间的时。
```

返回当前服务器时间的时。

数据类型为 int。

例如：

```
返回的数值为 12，表示服务器时间为 12 点。
```

（6）Minute()

```
Minute() - 获取当前服务器时间的分。
```

返回当前服务器时间的分。

数据类型为 int。

例如：

```
返回的数值为 22，表示服务器时间为 22 分。
```

（7）Second()

```
Second() - 获取当前服务器时间的秒。
```

返回当前服务器时间的秒。

数据类型为 int。

例如：

```
返回的数值为 32，表示服务器时间为 32 秒。
```

（8）TimeLocal()

```
TimeLocal() - 获取本地计算机的时间。
```

返回本地计算机的时间。

数据类型为 datetime。

例如：

```
返回的数值表示从 1970 年 1 月 1 日至今本地计算机的累计秒数。
```

（9）TimeCurrent()

```
TimeCurrent() - 获取当前服务器的最新时间。
```

返回当前服务器的最新时间。

数据类型为 datetime。

例如：

```
返回的数值表示从 1970 年 1 月 1 日至今服务器的累计秒数。
```

MT4 平台商服务器的时间显示在报价窗口处，如图 2-7 所示。读者需要注意的是，我们获取的平台时间与北京时间不相同，两者存在着时差。

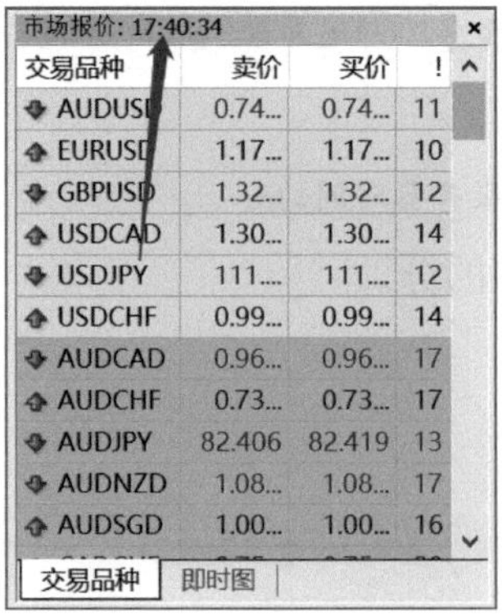

图 2-7　服务器时间显示

2.3.6　其他常用函数

我们在编写程序的过程中，除了上述经常使用的函数以外，还有如下几种函数。

（1）Print()

```
Print() - 输出文本信息
void Print(...)
```

本函数可以向智能交易日志输出文本信息。参数可以是任意类型，最多 64 个。如果有多个参数，参数之间用逗号隔开。双精度型数据可以输出到小数点后 4 位。布尔型、日期时间型和颜色型数据作为数值型数据输出。

参数：

- …，任意值，如有多个可用逗号分割。最多为 64 个参数。

示例：

```
Print("当前可用保证金 ", AccountFreeMargin());
Print("当前时间 ", TimeToStr(TimeCurrent()));
```

在程序排错过程中会经常用到这个打印函数，通过是否能够打印出一句话就可以知道程序中的某一句程序代码有没有执行，从而可以快速定位错误的地方，大大提高找错、排错的效率。

（2）Comment()

```
Comment() - 图表上显示信息
void Comment(...)
```

本函数可以在图表左上角显示相关信息。参数可以是任意类型，最多 64 个。如果有多个参数，参数之间用逗号隔开。双精度型数据可以输出到小数点后 4 位。布尔型、日期时间型和颜色型数据作为数值型数据输出。

参数：

- …，任意值，如有多个可用逗号分割。最多为 64 个参数。

示例：

```
Comment("账户号码是",AccountNumber());
```

Comment()函数运行结果如图 2-8 所示。

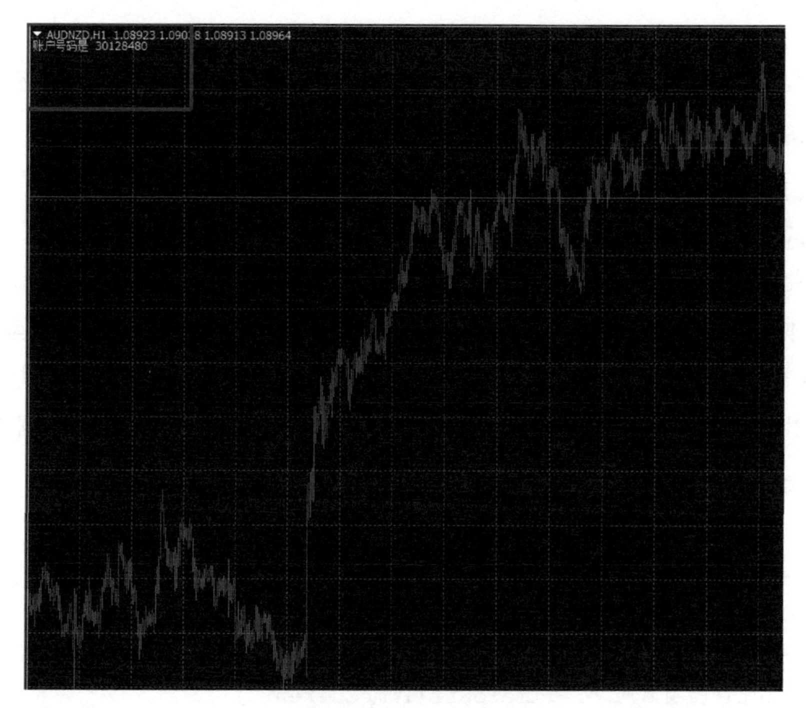

图 2-8 Comment 显示

（3）Alert()

```
Alert() - 弹出警告窗口
void Alert(...)
```

弹出一个包含用户提示信息的警告窗口。参数可以是任意类型，总数不得超过 64 个。如果有多个参数，参数之间用逗号隔开。双精度型数据可以输出到小数点后 4 位。布尔型、日期时间型和颜色型数据作为数值型数据输出。

参数：

- …，任意值，如有多个可用逗号分割，最多为 64 个参数。

示例：

```
Alert("账户号码是",AccountNumber());
```

Alert()函数运行结果如图 2-9 所示。

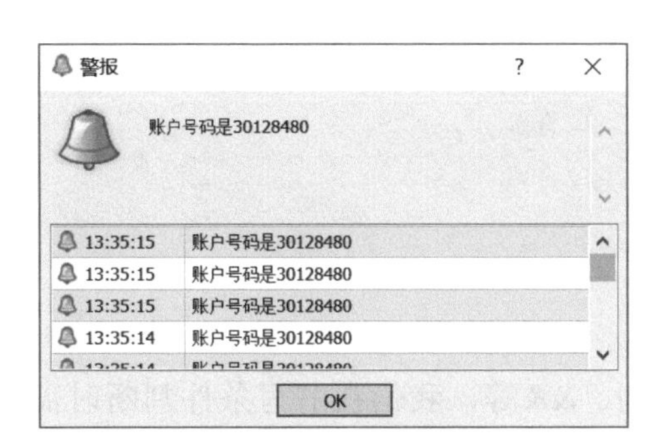

图 2-9　Alert 运行显示

2.4　运算符和表达式

MQL4 作为一门编程语言，要遵循一定的运算法则和表达式形式。

1. 表达式

一个表达式由一个或多个操作数和运算符组成，一个表达式可以分成若干行来书写，每一个表达式都要以英文的分号“;”结尾。下面是表达式的形式：

```
void OnTick()
  {
   i++;
   x=y+1;
   a=0.5*b;
   SL=100*Point;
  }
```

2. 算数运算符

算术运算符包括加法、减法、乘法、除法运算等。

```
void OnTick()
  {
   x=y+1;      //加法
   x=y-10;     //减法
   a=0.5*b;    //乘法
```

```
    b=a/100;     //除法
    i++;         //自加
    i--;         //自减
      }
```

3. 逻辑运算符

逻辑运算符有||、&&等，我们在书写条件判断时需要用到这两个运算符：||和&&。“||”表示众多条件只要满足一个即可；“&&”表示众多条件必须同时满足。

```
void OnTick()
  {
   //条件 1 和条件 2 有一个满足，就执行！
  if(条件 1||条件 2)
     {执行;}
  //条件 1 和条件 2 同时满足满足，才执行！
  if(条件 1&&条件 2)
    {执行;}  }
```

2.5 注释说明

MQL4 的程序注释分为两种，一种是单行注释，另一种是多行注释。注释的意思就是写在程序内，但程序执行时不读取，也不执行。我们可以备注程序的说明，方便日后修改。

单行注释即添加“//”双斜线符号，双斜线后面的内容即为注释部分。被注释的部分，程序不会执行，同时颜色呈现暗灰色，如图 2-10 所示。

```
32 //+------------------------------------------------------------------+
33 void OnTick()
34   {
35       a = b;      //a等于b
36       a != b;     //a不等于b
37       a < b;      //a小于b
38       a > b;      //a大于b
39       a <= b;     //a小于等于b
40       a >= b;     //a大于等于b
41   }
42 //+------------------------------------------------------------------+
```

图 2-10 单行注释

多行注释即在要注释内容的开始添加“/*”符号，末尾添加“*/”符号，两个符号中间的部分即为注释的部分，如图 2-11 所示。

```
32 //+------------------------------------------------------------------+
33 void OnTick()
34   {
35     /*   a = b;        //a等于b
36          a != b;     //a不等于b
37          a < b;      //a小于b
38          a > b;      //a大于b
39          a <= b;     //a小于等于b
40          a >= b;     //a大于等于b  */
41   }
42 //+------------------------------------------------------------------+
```

图 2-11　多行注释

2.6　本章小结

本章我们学习了 MQL4 的一些基础知识，包括 EA 的结构、运算规则，以及一些常用函数的介绍，这些都是我们学习编程的基础。当然，限于本书的篇幅，我们介绍的内容有限，还有很多函数没有讲解到，没有讲解到的内容都可以在 MQL4 的帮助文档中找到。讲解到的这些函数都是经常能够使用到的，想要编写出属于自己的自动化交易程序，就要学习并能够灵活使用这些函数。

1. 本章作业

利用本章介绍的各类函数，用 MQL4 语言写出下面的条件表达式。

（1）今天的开盘价格比昨天的开盘价格高 50 点。

（2）今天的开盘价格比昨天的开盘价格高 50 点，昨天的开盘价格比前天高 100 点。

（3）货币对“EURUSD”的 1 小时最高价格比最低价格高 30 点。

（4）时间是 2018 年 6 月 18 日 12 时 24 分。

（5）账户盈利 688 美元。

（6）货币对“EURUSD”的点差是 16。

（7）a 的值是 18，打印 a 的值。

2. 作业答案

（1）iOpen(NULL,PERIOD_D1,0)-iOpen(NULL,PERIOD_D1,1)>50*Point

（2）iOpen(NULL,PERIOD_D1,0)-iOpen(NULL,PERIOD_D1,1)>50*Point &&iOpen(NULL,PERIOD_D1,1)-iOpen(NULL,PERIOD_D1,2)>100*Point

（3）iHigh("EURUSD",PERIOD_H1,0)-iLow("EURUSD",PERIOD_H1,0)>30*Point

（4）Year()==2018&&Month()==6&&Day()==18&&Hour()==12&&Minute()==24

（5）AccountProfit()==688

（6）MarketInfo("EURUSD",MODE_SPREAD)==16

（7）double a=18;Print("a 的值是"+a);

3. 答案说明

我们先来看两行代码：

（1）if(a==16) {b=12;}

（2）double a=16,b=12;

第一行代码的意思是，如果 a 的数值等于 16，则 b 的值设定为 12。第二行代码的意思是把 a 的数值设定为 16，b 的数值设定为 12。

以这两行代码为例是为了说明“==”和“=”的区别。“==”是一种逻辑运算符号，我们在判断两者的逻辑关系时要用到，因此在“()”里面使用“==”;“=”是一种赋值运算符号，在给一个变量赋值时要用到，通常在“{}”里面使用“=”。

因为第 1～6 道作业的表达式都将作为条件语句，要在“()”里使用，因此我们在表达式中使用的都是“==”，而第 7 道作业是一个赋值语句，因此使用“=”。

第 3 章 EA 的组合和分解

在第 2 章中我们介绍了 MQL4 语言的一些基础知识，这些知识看似简单，却是构成整个编程体系的基础。万丈高楼平地起，若没有很好地掌握基础知识，则造不出 EA 高楼大厦。因此对于基础知识的学习，必须做到多看、多练、多写、多记。例如说到开盘价，要能够想到 K 线的序号、两种函数形式以及这两种函数有什么区别等知识点，对基础知识熟练掌握后才能在编程过程中得心应手。而且在学习的过程中一定不要眼高手低，对于本书中讲到的代码，尤其是章节后面的各种作业，一定要亲自把代码写出来，只有这样才能加快对知识的消化吸收，才能在具体的项目中发现问题，从而有所提高。

下面我们将以一个 EA 的实例来讲解一下 EA 各模块之间的异同、本书模块化编程的具体实现形式，以及事件处理函数 OnTimer()的使用，从而帮助读者提高学会编程的信心，同时讲解 EA 历史回测的方法和步骤。

3.1 EA策略与源码

下面举一个 EA 策略示例，该示例的策略核心是：如果系统中没有订单，同时今天的开盘价比昨天的收盘价高 20 个点，那么下一张买单，买单要求止损 200 点，止盈 200 点，下单量为 0.02 手；如果系统中有一张订单，同时昨天的开盘价比收盘价高 30 个点，那么下一张卖单，卖单要求下单量为 0.04 手，不设置止损及止盈；如果账户盈利大于 3 美元，就将买单和卖单平仓，一直循环执行。

我们直接给出该策略的源码，本章我们不讲解各个子函数模块，仅从 EA 框架部分出发，讲解一个完整 EA 的构成。

策略的代码如下：

```
//+------------------------------------------------------------------
//|                                                    EA示例.mq4 |
//|                      Copyright 2018, MetaQuotes Software Corp.
//|                                           https://www.mql5.com
//+------------------------------------------------------------------
#property copyright "声响140"
#property copyright "VX:lj568743"
#property link     "https://www.mql5.com"
#property version   "1.00"
#property strict
double 下单量;
string 货币对;
double 最大下单量=100;
double 止损点数,止损价格;
double 止盈点数,止盈价格;
int MAGIC=100;int ticket;int 滑点;
bool 启动警报=false;
//+------------------------------------------------------------------
//|Expert initialization function                                   |
//+------------------------------------------------------------------
int OnInit()
  {

//---
   return(INIT_SUCCEEDED);
  }
```

```
//+------------------------------------------------------------
//| Expert deinitialization function
//+------------------------------------------------------------+
void OnDeinit(const int reason)
  {
//---
  }
//+------------------------------------------------------------
//| Expert tick function
//+------------------------------------------------------------
void OnTick()
  {
   //指定交易的货币对名称为 EA 加载时的货币对
   货币对=Symbol();
   //条件 1：没有订单.条件 2：今天的开盘价格比昨天收盘价高 20 点
   if(OrdersTotal()==0
&&(iOpen(货币对,PERIOD_D1,0)-iClose(货币对,PERIOD_D1,1))>20*Point)
     {
   //指定下单量的大小
     下单量=0.02;
   //指定止损点数
     止损点数=100;
   //指定止盈点数
     止盈点数=200;
   //完成下买单动作
     买上();
     }
    //条件 1：有一张订单。条件 2：昨天的开盘价格比收盘价格高 30 点
   if(OrdersTotal()==1
&&(iOpen(货币对,PERIOD_D1,1)-iClose(货币对,PERIOD_D1,1))>30*Point)
     {
   //指定下单量的大小
     下单量=0.04;
   //完成下卖单动作
     卖下();
```

```
        }

      //如果账户盈利大于 3 美金，则将买单和卖单平仓
    if(AccountProfit()>3){关闭买上();关闭卖下();}
    }

//+----------------------以下为子函数存储仓库------------------
//+------------------------------------------------------------
//| 下买单模块                                               |
//+------------------------------------------------------------
   void 买上()
        {
          //将下单量的数值转换成指定的精度
          下单量 = NormalizeDouble(下单量, 2);
          //限制下单量的数值必须大于系统默认该货币对的最小下单量
          if(下单量<MarketInfo(货币对, MODE_MINLOT))
          {下单量=MarketInfo(货币对, MODE_MINLOT);}
          //限制最大下单量
          if(下单量>最大下单量){下单量=最大下单量;}
          //限制下单量的数值必须小于系统默认该货币对的最大下单量
          if(下单量>MarketInfo(货币对, MODE_MAXLOT))
          {下单量=MarketInfo(货币对, MODE_MAXLOT);}
          //计算订单的止盈价格
          if(止盈点数==0) { 止盈价格=0; }
          if(止盈点数>0)
          { 止盈价格=(MarketInfo(货币对, MODE_ASK))+(止盈点数
*MarketInfo(货币对,MODE_POINT)); }
          //计算订单的止损价格
          if(止损点数==0) { 止损价格=0; }
          if(止损点数>0)
          { 止损价格=(MarketInfo(货币对, MODE_ASK))-(止损点数
*MarketInfo(货币对,MODE_POINT)); }
          //完成下买单的动作
        ticket=OrderSend(货币对,OP_BUY,下单量,MarketInfo(货币对,
MODE_ASK),滑点,止损价格,止盈价格,"下买单",MAGIC,0,Violet);
```

```
            if(ticket<0)
                {
                   if(启动警报)
                   { Alert("下买单没有成功！",GetLastError());}
                }
             else  {
                   if(启动警报)
                   { Alert("已经成功下了买单！");}
                }
          }
//+------------------------------------------------------------------
//| 下卖单模块                                                    |
//+------------------------------------------------------------------
    void 卖下()
          {
            //将下单量的数值转换成指定的精度
            下单量 = NormalizeDouble(下单量, 2);
            //限制下单量的数值必须大于系统默认该货币对的最小下单量
            if(下单量<MarketInfo(货币对, MODE_MINLOT))
            {下单量=MarketInfo(货币对, MODE_MINLOT);}
            //限制最大下单量
            if(下单量>最大下单量){下单量=最大下单量;}
            //限制下单量的数值必须小于系统默认该货币对的最大下单量
            if(下单量>MarketInfo(货币对, MODE_MAXLOT))
            {下单量=MarketInfo(货币对, MODE_MAXLOT);}
            //计算订单的止盈价格
            if  (止盈点数==0)  { 止盈价格=0; }
            if(止盈点数>0)
            { 止盈价格=(MarketInfo(货币对, MODE_BID))-(止盈点数
*MarketInfo(货币对,MODE_POINT)); }
            //计算订单的止损价格
            if  (止损点数==0)  { 止损价格=0; }
            if(止损点数>0)
            { 止损价格=(MarketInfo(货币对, MODE_BID))+(止损点数
*MarketInfo(货币对,MODE_POINT)); }
```

```
              //完成下买单的动作
          ticket=OrderSend(货币对,OP_SELL,下单量,MarketInfo(货币对,
MODE_BID),滑点,止损价格,止盈价格,"下卖单",MAGIC,0,GreenYellow);
              if(ticket<0)
                  {
                    if(启动警报)
                    { Alert("下卖单没有成功! ",GetLastError());}
                  }
               else  {
                    if(启动警报)
                    { Alert("已经成功下了卖单! ");}
                  }
              }
    //+------------------------------------------------------------
    //| 关闭买单模块                                          |
    //+------------------------------------------------------------
      void 关闭买上()
          {
            //定义要用到的局部变量
            double myBid;
            double myLot;
            int myTyp;
            int i;
            bool result = false;
            int myTkt=0;
            //遍历所有订单
            for(i=OrdersTotal()-1;i>=0;i--)
              {
                if(OrderSelect(i, SELECT_BY_POS))
                  {
                    ////选择符合要求的订单
                    if(OrdersTotal()>0&&OrderSymbol()==货币对
                    && OrderMagicNumber()==MAGIC)
                      {
                        //获取要用到的变量数值
```

```
                        myBid=MarketInfo(货币对,MODE_BID);
                        myTkt=OrderTicket();
                        myLot=OrderLots();
                        myTyp=OrderType();
                        switch(myTyp )
                             {
            //如果是买单类型，则将其关闭
case OP_BUY:
            result = OrderClose(myTkt, myLot, myBid, 滑点, Yellow);
            break;
                             }
                       }
                  }
               }
           }
   //+-------------------------------------------------------------------
   //| 关闭卖单模块                                              |
   //+-------------------------------------------------------------------
     void 关闭卖下()
         {
            //定义要用到的局部变量
            double myAsk;
            double myLot;
            int myTyp;
            int i;
            bool result = false;
            int myTkt=0;
            //遍历所有订单
            for(i=OrdersTotal()-1;i>=0;i--)
               {
                  if(OrderSelect(i, SELECT_BY_POS))
                    {
                       //选择符合要求的订单
                       if(OrdersTotal()>0&&OrderSymbol()==货币对
                       && OrderMagicNumber()==MAGIC)
```

```
                        {
                          //获取要用到的变量数值
                          myAsk=MarketInfo(货币对,MODE_ASK);
                          myTkt=OrderTicket();
                          myLot=OrderLots();
                          myTyp=OrderType();
                          switch(myTyp )
                               {
        //如果是卖单类型，则将其关闭
    case OP_SELL:
    result = OrderClose(myTkt, myLot, myAsk, 滑点, Red);
                                   break;
                               }
                        }
                    }
                }
            }
```

3.2 EA的分解与组合

EA 框架由 5 个模块组成，分别是变量自定义模块、初始加载函数模块、退出加载函数模块、主程序模块和子函数存储模块。这 5 个模块构成了一个完整的 EA 框架。EA 的编写也是紧紧围绕这 5 个模块展开的。下面我们结合本示例，再次对 5 个模块进行详细介绍。

（1）变量自定义模块

在程序中用到的变量都被存储在变量自定义模块中。既然是自定义，那么根据实际使用的需要，就可以随意定义，可以定义“LOTMM”为下单量，也可以定义“lots”为下单量，完全根据自己的使用习惯定义即可。在定义变量的时候可以对变量进行赋值，也可以不赋值。要强调的是对于在程序中用到的所有变量必须进行声明，否则就会报错，如图 3-1 所示。

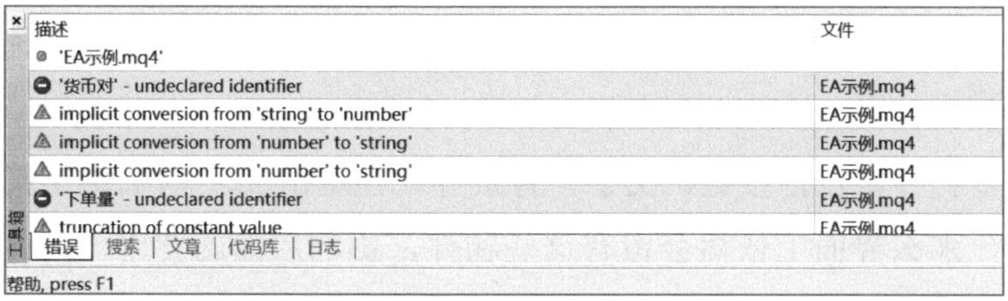

描述	文件
'EA示例.mq4'	
'货币对' - undeclared identifier	EA示例.mq4
implicit conversion from 'string' to 'number'	EA示例.mq4
implicit conversion from 'number' to 'string'	EA示例.mq4
implicit conversion from 'number' to 'string'	EA示例.mq4
'下单量' - undeclared identifier	EA示例.mq4
truncation of constant value	EA示例.mq4

错误 | 搜索 | 文章 | 代码库 | 日志

帮助, press F1

图 3-1　编译错误

本例中的变量自定义模块是：

```
//+------------------------------------------------------------------
//|                                              EA 示例.mq4 |
//|                   Copyright 2018, MetaQuotes Software Corp.
//|                                          https://www.mql5.com
//+------------------------------------------------------------------
#property copyright "声响 140"
#property copyright "VX:lj568743"
#property link      "https://www.mql5.com"
#property version   "1.00"
#property strict
double 下单量;
string 货币对;
double 最大下单量=100;
double 止损点数,止损价格;
double 止盈点数,止盈价格;
int MAGIC=100;int ticket;int 滑点;
bool 启动警报=false;
```

这些变量都是全局变量，意思是 EA 的任何部分都可以引用，以变量“止损点数”“止盈点数”为例，我们不仅在主程序模块里使用了这些变量，在“买上()”“卖下()”子函数里面也用到了这些变量。如果是局部变量，则只能在定义的函数里面使用，在别的函数里就不能使用。

（2）初始加载函数模块和退出加载函数模块

这两个模块该 EA 没有涉及，因此没有编写具体的内容，在后面更复杂的策略编写中需要在这两个部分编写加载函数和退出函数。例如在增加账户使用时间限制时，需要 EA 在加载时对账户号码进行判断，那么就要在初始加载函数里面增加账户判断的代码。在后面的章节中我们会让 EA 绘制很多物件，包括按键、文字、背景等，当退出 EA 时如果不把这些物件删除，那么界面上依然会留有这些物件，影响后面的使用，因此在退出加载函数里，要增加相应的代码完成删除物件的功能。

（3）主程序模块

存储该 EA 的策略核心，只要货币对价格变动一次，且满足我们策略的条件，程序就会被执行一次，一直循环执行。仔细观察本例主程序源码可以发现，我们只使用了一句话就完成了编写，这句程序语言是：

```
if(条件)  {执行语句;}
```

只需要学会使用这句程序语言就可以编写所有的策略，不管这个策略多么复杂。这也是我们区别其他编程方法的一个很重要的点。我们的编写没有复杂的语法结构，没有晦涩难懂的编程技巧，只要你按照中文的说话思维方式就可以完成。

我们以一个人饿了为例，来模拟一下人的思维方式，如下所示。

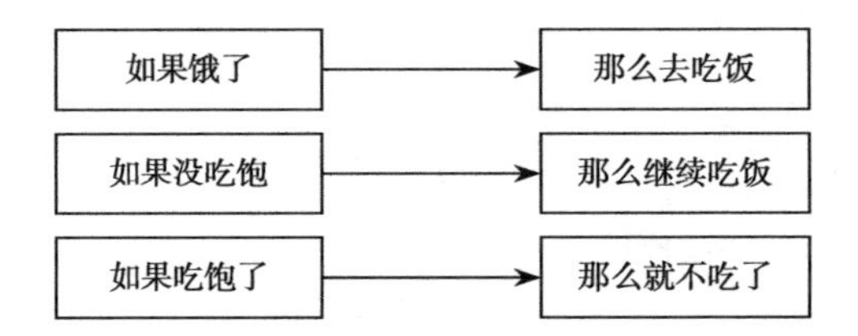

我们在饿的时候，思维方式就是这样的：如果饿了怎么办，如果没有吃饱怎么办，如果吃饱了怎么办。本书讲解的“if(条件) {执行语句;}”这句程序语言也是这样的，我们在编写的时候按照如下方法：

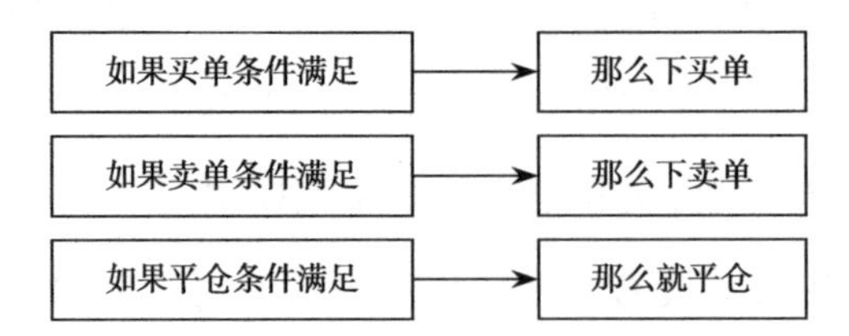

只要灵活使用这句话，再复杂的策略也可以简单地编写。本例中策略

由三部分组成，所以我们就用了3句话进行编写，如图3-2所示。这种编写不仅易学易懂，而且易维护、易排错。不同策略之间的区别就在于条件的不同，执行语句的不同。我们只需要编写条件语句和执行语句，就可以编写出所有的策略。我们不需要深入学习其他的语句和语法，因为我们不是为了研究编写，也不是为了成为编写大师，而是要编写出策略，最大化地发挥出EA这个工具的作用。当然如果你精通其他的语法，就能够如虎添翼。但对于初学者和零基础学编程的人来说，我们只需要这简单的一句话就能够达到目的。

```
34 //+------------------------------------------------------------------+
35 void OnTick()
36   {
37
38  货币对=Symbol();
39
40 if(OrdersTotal()==0&&(iOpen(货币对,PERIOD_D1,0)-iClose(货币对,PERIOD_D1,1))>20*Point)
41 {下单量=0.02;止损点数=100;止盈点数=200;   买上();   }
42
43 if(OrdersTotal()==1&&(iOpen(货币对,PERIOD_D1,1)-iClose(货币对,PERIOD_D1,1))>30*Point)
44 {  下单量=0.04;卖下();   }
45
46 if(AccountProfit()>3){关闭买上();关闭卖下();}
47
48   }
49
50 //+--------------------------以下为子函数存储仓库-----------------+
51
```

图3-2　编写示例

（4）子函数存储模块

在本例中，在子函数存储模块里面存放了4个子函数，分别是买上()、卖下()、关闭买上()和关闭卖下()，这4个子函数实际上完成了“if(条件)　{执行语句;}”编写一句话中的执行语句的功能。在后面的章节中，会逐渐丰富子函数集合，通过这些子函数我们可以轻松完成下现价单、挂单、创建物件等一系列的动作，这些动作涵盖了我们在使用EA时可能要用到的绝大多数功能。在本书的最后这些子函数会被整合成一个模板供大家使用。模板的最大好处是不需要每一次编写都从零开始，一步一步地增加语句，如果每次都重新开始编写，那么一年都很难写出几个EA，最终会被EA这个工具所累，而不是享受这个工具带给我们操盘的便捷。借助这个模板我们要做的就是编写出相应的条件语句，然后套入这个模板，完成自动化交易程序的编写。

之所以将EA的框架和结构单独成章，大篇幅地进行介绍，就是因为在整个编写过程中这个知识点起着“骨架”的作用，有了这个“骨架”，我们的 EA 才能有形，没有这个“骨架”，整个编写过程将会杂乱无章。我们经常会在网络论坛里看到有人发的源码程序杂乱无章，把一个个本该放置到子函数存储模块的子函数拆解到主程序模块里面，当然对于有编程基础、精通 C 语言的编写人员来说这种编写方法可能更加适合，但对于没有编程经验的人来说，学习这样的编写方法无异于学习甲骨文，读这样的源码无异于读天书。因此我们一直强调模块化编写，希望大家在开始学习的时候就坚定这样的编写流程。

3.3 EA历史回测

在编写完一个自动化交易程序之后，需要验证 EA 是否按照我们最初的设计意图开单和平仓，只有完美契合我们策略的 EA 才能用于实盘。所以在编写完成之后，需要将 EA 进行历史回测。MT4 提供强大的历史回测功能，利用历史数据测试并生成一份详细的测试报告。

1. 准备历史数据

在 MT4 终端工具栏中的“工具”选项里面点击“选项”，在“选项”中选择“图表”，在历史数据中最多柱数和图表中最多柱数中尽可能填入大的数值，确保能显示更多的历史数据，如图 3-3 所示。

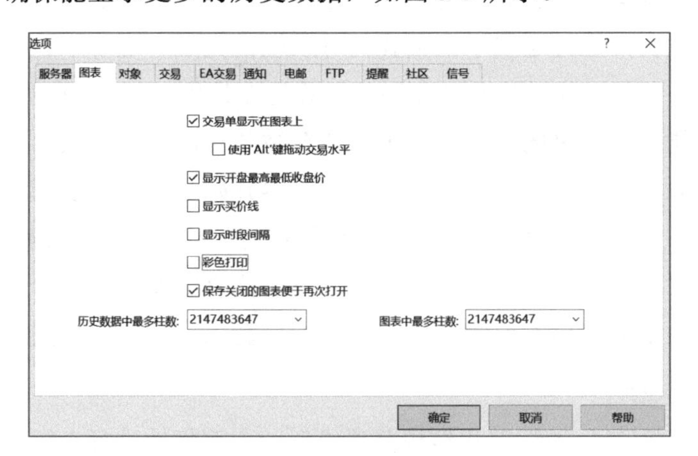

图 3-3　图表选项设置

在 MT4 终端工具栏中的“工具”选项里面点击“历史数据中心”。在窗口中左边找到需要的货币对，选择最小周期“1 分钟图”，点击左下角的“下载”按钮，即可完成历史数据下载，如图 3-4 所示。

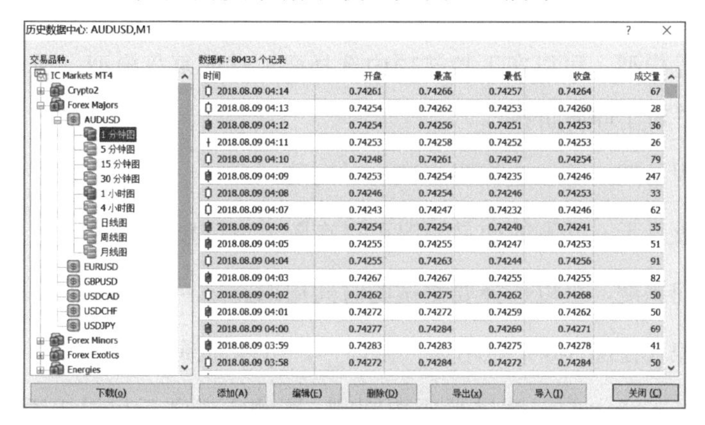

图 3-4　历史数据下载

2. 开始EA测试

（1）第一步：启动 EA 测试界面

在 MT4 终端工具栏中点击“策略测试”图标即可打开 EA 测试界面，如图 3-5 所示。

图 3-5　策略测试按键

（2）第二步：开始 EA 测试

打开的 EA 测试界面如图 3-6 所示，点击“开始”按钮即可进行历史回测。

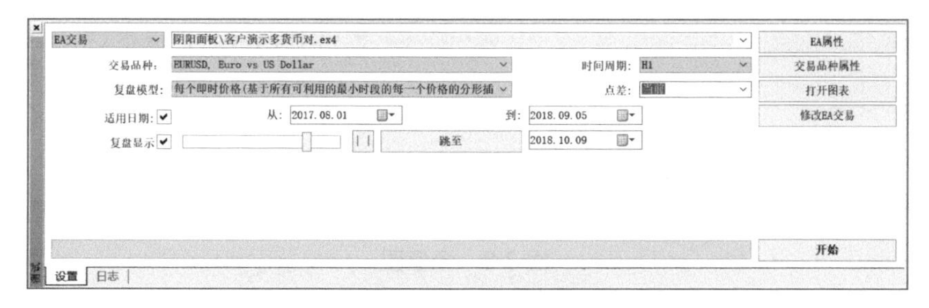

图 3-6　EA 测试界面

界面各选项说明如下：

- EA 交易，可以在下拉选项中选择要测试的 EA 程序。
- 交易品种，可以在下拉选项中选择要测试的货币对。
- 复盘模型，可以在下拉选项中选择要测试的复盘模型，通常选择第一个“每个即时价格”。
- 适用日期，可以选择要测试的时间段。
- 复盘显示，回测的交易情况可以在图表窗口显示。
- 时间周期，可以选择要测试的时间周期。
- 点差（在图 3-6 中显示为“当前”），可以选择点差。

我们将本章中的示例进行历史回测，回测完成之后可以查看回测结果、净值图、报告等信息，如图 3-7～图 3-10 所示。

#	时间	类型	订单	手数	价格	止损	获利	获利	余额
1	2018.02.05 00:00	buy	1	0.02	0.93230	0.93130	0.93430		
2	2018.02.05 01:40	s/l	1	0.02	0.93130	0.93130	0.93430	-2.15	9997.85
3	2018.02.05 01:40	buy	2	0.02	0.93139	0.93039	0.93339		
4	2018.02.05 02:20	s/l	2	0.02	0.93039	0.93039	0.93339	-2.15	9995.70
5	2018.02.05 02:20	buy	3	0.02	0.93052	0.92952	0.93252		
6	2018.02.05 10:20	s/l	3	0.02	0.92952	0.92952	0.93252	-2.15	9993.55
7	2018.02.05 10:20	buy	4	0.02	0.92942	0.92842	0.93142		
8	2018.02.05 13:40	close	4	0.02	0.93089	0.92842	0.93142	3.16	9996.71
9	2018.02.05 13:42	buy	5	0.02	0.93090	0.92990	0.93290		
10	2018.02.05 15:15	close	5	0.02	0.93257	0.92990	0.93290	3.58	10000.29
11	2018.02.05 15:17	buy	6	0.02	0.93260	0.93160	0.93460		

设置 | 结果 | 净值图 | 报告 | 日志

寻求帮助,请按F1键 | Default | 339

图 3-7　回测结果

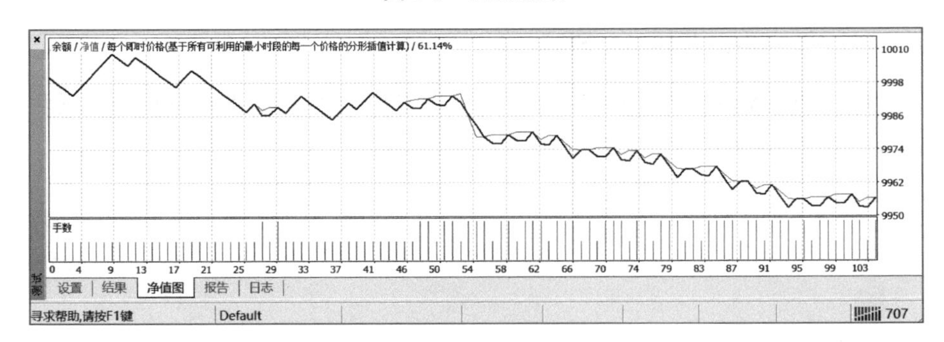

图 3-8　净值图

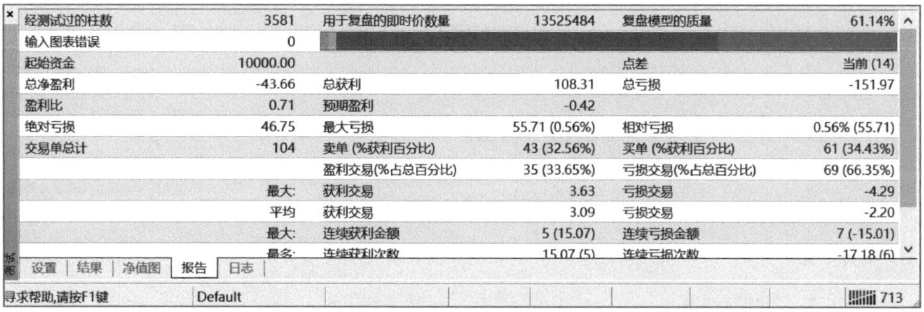

经测试过的柱数	3581	用于复盘的即时价数量	13525484	复盘模型的质量	61.14%
输入图表错误	0				
起始资金	10000.00			点差	当前 (14)
总净盈利	-43.66	总获利	108.31	总亏损	-151.97
盈利比	0.71	预期盈利	-0.42		
绝对亏损	46.75	最大亏损	55.71 (0.56%)	相对亏损	0.56% (55.71)
交易单总计	104	卖单 (%获利百分比)	43 (32.56%)	买单 (%获利百分比)	61 (34.43%)
		盈利交易(%占总百分比)	35 (33.65%)	亏损交易(%占总百分比)	69 (66.35%)
	最大:	获利交易	3.63	亏损交易	-4.29
	平均	获利交易	3.09	亏损交易	-2.20
	最大:	连续获利金额	5 (15.07)	连续亏损金额	7 (-15.01)
	最多:	连续获利次数	15.07 (5)	连续亏损次数	-17.18 (6)

设置 | 结果 | 净值图 | 报告 | 日志

寻求帮助,请按F1键　Default　713

图 3-9　测试报告

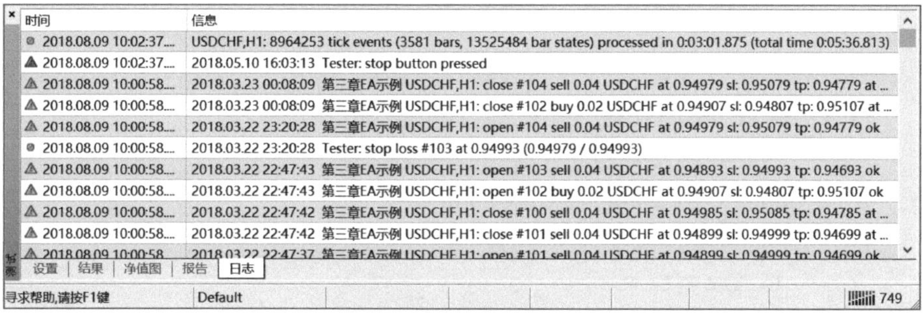

时间	信息
2018.08.09 10:02:37....	USDCHF,H1: 8964253 tick events (3581 bars, 13525484 bar states) processed in 0:03:01.875 (total time 0:05:36.813)
2018.08.09 10:02:37....	2018.05.10 16:03:13 Tester: stop button pressed
2018.08.09 10:00:58....	2018.03.23 00:08:09 第三章EA示例 USDCHF,H1: close #104 sell 0.04 USDCHF at 0.94979 sl: 0.95079 tp: 0.94779 at ...
2018.08.09 10:00:58....	2018.03.23 00:08:09 第三章EA示例 USDCHF,H1: close #102 buy 0.02 USDCHF at 0.94907 sl: 0.94807 tp: 0.95107 at ...
2018.08.09 10:00:58....	2018.03.22 23:20:28 第三章EA示例 USDCHF,H1: open #104 sell 0.04 USDCHF at 0.94979 sl: 0.95079 tp: 0.94779 ok
2018.08.09 10:00:58....	2018.03.22 23:20:28 Tester: stop loss #103 at 0.94993 (0.94979 / 0.94993)
2018.08.09 10:00:58....	2018.03.22 22:47:43 第三章EA示例 USDCHF,H1: open #103 sell 0.04 USDCHF at 0.94893 sl: 0.94993 tp: 0.94693 ok
2018.08.09 10:00:58....	2018.03.22 22:47:43 第三章EA示例 USDCHF,H1: open #102 buy 0.02 USDCHF at 0.94907 sl: 0.94807 tp: 0.95107 ok
2018.08.09 10:00:58....	2018.03.22 22:47:42 第三章EA示例 USDCHF,H1: close #100 sell 0.04 USDCHF at 0.94985 sl: 0.95085 tp: 0.94785 at ...
2018.08.09 10:00:58....	2018.03.22 22:47:42 第三章EA示例 USDCHF,H1: close #101 sell 0.04 USDCHF at 0.94899 sl: 0.94999 tp: 0.94699 at ...
2018.08.09 10:00:58	2018.03.22 22:47:37 第三章EA示例 USDCHF,H1: open #101 sell 0.04 USDCHF at 0.94899 sl: 0.94999 tp: 0.94699 ok

设置 | 结果 | 净值图 | 报告 | 日志

寻求帮助,请按F1键　Default　749

图 3-10　测试日志

通过测试，我们可以清楚地知道 EA 在什么时候开仓，在什么时候平仓，以及是否按照我们的设计意图运行，通过不断地修正，确保 EA“听话”。

3.4　事件处理函数

EA 的触发形式是 OnTick()，这种程序触发是每当加载 EA 的货币对价格变动一次时，程序就会执行一次，如果我们加载的货币对不属于热门的币种，则价格可能长时间不会变动，此时 EA 就会处于“休息”的状态，这是 OnTick()函数的特点。

事件处理还有一个函数 OnTimer()，这个函数的特点是可以设置一个时间，每经过一定的时间，EA 就执行一次，而不管加载 EA 的货币对价格有无变动，这相对于函数 OnTick()进步不少。我们在使用该函数的时候，需要在 EA 初始加载函数模块给 OnTimer()设置一个运行间隔时间，在 EA 退出加载函数模块时，删除给定的运行间隔时间，具体的使用方法如下：

```
//+------------------------------------------------------------------
//|Expert initialization function                                    |
//+------------------------------------------------------------------
int OnInit()
  {
//---
   EventSetTimer(1);
   return(INIT_SUCCEEDED);
  }
//+------------------------------------------------------------------
//| Expert deinitialization function
//+------------------------------------------------------------------+
void OnDeinit(const int reason)
  {
//--- destroy timer
    EventKillTimer();
  }
//+------------------------------------------------------------------
//| Expert tick function
//+------------------------------------------------------------------
void OnTick()
  {


  }
//+------------------------------------------------------------------
//| Expert time function
//+------------------------------------------------------------------
void OnTimer()
  {

   //此处编写我们的具体策略内容
  }
```

源码中我们使用“EventSetTimer(K)”给函数 OnTimer()设置运行间隔时间 K 为间隔的秒数，例如“EventSetTimer(10)”表示 EA 每经过 10 秒运行一次。在退出加载函数模块时，使用“EventKillTimer()”来删除设置的运行间隔时间。注意在使用函数 OnTimer()触发时，策略核心是在 OnTimer()里面而非在 OnTick()里面编写。

下面编写一个简单的策略来演示这两种事件处理函数的区别。先来演示函数 OnTimer()触发，具体的源码如下：

```
#property copyright "声响140"
#property copyright "VX:lj568743"
#property link      "https://www.mql5.com"
#property version   "1.00"
#property strict
 int a=1;
//+------------------------------------------------------------------
//|Expert initialization function                                   |
//+------------------------------------------------------------------
int OnInit()
  {
//---
   EventSetTimer(2);
   return(INIT_SUCCEEDED);
  }
//+------------------------------------------------------------------
//| Expert deinitialization function
//+-----------------------------------------------------------------+
void OnDeinit(const int reason)
  {
//--- destroy timer
    EventKillTimer();
  }
//+------------------------------------------------------------------
//| Expert tick function
//+------------------------------------------------------------------
void OnTick()
  {
```

```
  }
//+------------------------------------------------------------------
//| Expert time function
//+------------------------------------------------------------------
void OnTimer()
  {

   //此处编写我们的具体策略内容
   a++;
   Print("a 的值是"+a);
  }
```

函数 OnTimer()触发模拟演示截图如图 3-11 所示。

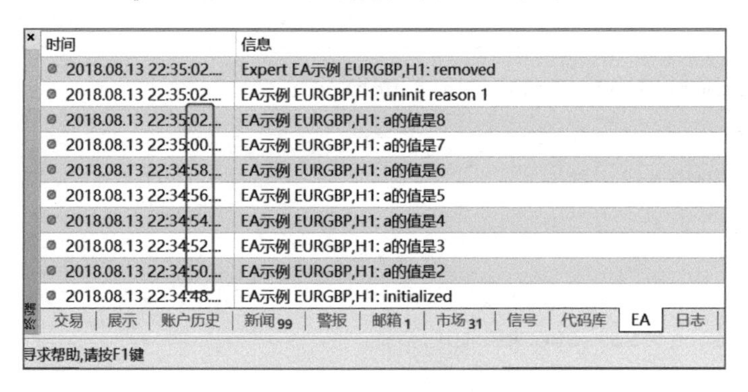

图 3-11　OnTimer()触发演示

为了使演示更加清晰，我们设置的运行间隔时间是 2 秒，EA 每经过 2 秒会运行一次。从图 3-11 可以看出，每经过 2 秒，整数 a 的数值增加 1。

函数 OnTick()的触发，具体的源码如下：

```
#property copyright "声响 140"
#property copyright "VX:lj568743"
#property link      "https://www.mql5.com"
#property version   "1.00"
#property strict
 int a=1;
//+------------------------------------------------------------------
//|Expert initialization function                                   |
```

```
//+-----------------------------------------------------------------
int OnInit()
  {
//---
   EventSetTimer(2);
   return(INIT_SUCCEEDED);
  }
//+-----------------------------------------------------------------
//| Expert deinitialization function
//+----------------------------------------------------------------+
void OnDeinit(const int reason)
  {
//--- destroy timer
    EventKillTimer();
  }
//+-----------------------------------------------------------------
//| Expert tick function
//+-----------------------------------------------------------------
void OnTick()
  {
   //此处编写我们的具体策略内容
   a++;
   Print("a 的值是"+a);
  }
//+-----------------------------------------------------------------
//| Expert time function
//+-----------------------------------------------------------------
void OnTimer()
  {



  }
```

函数 OnTick()触发模拟演示截图如图 3-12 所示。

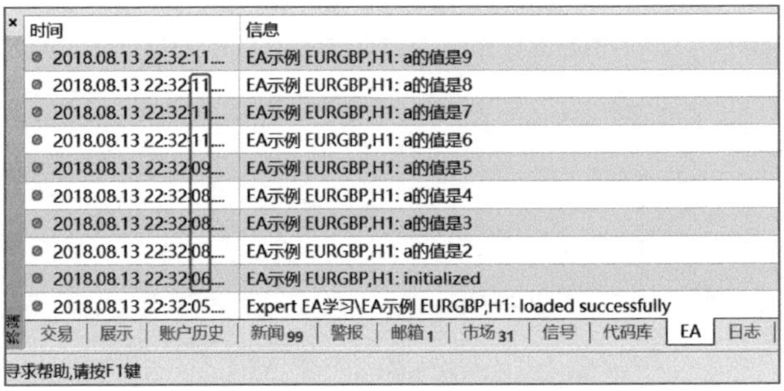

时间	信息
2018.08.13 22:32:11....	EA示例 EURGBP,H1: a的值是9
2018.08.13 22:32:11....	EA示例 EURGBP,H1: a的值是8
2018.08.13 22:32:11....	EA示例 EURGBP,H1: a的值是7
2018.08.13 22:32:11....	EA示例 EURGBP,H1: a的值是6
2018.08.13 22:32:09....	EA示例 EURGBP,H1: a的值是5
2018.08.13 22:32:08....	EA示例 EURGBP,H1: a的值是4
2018.08.13 22:32:08....	EA示例 EURGBP,H1: a的值是3
2018.08.13 22:32:08....	EA示例 EURGBP,H1: a的值是2
2018.08.13 22:32:06....	EA示例 EURGBP,H1: initialized
2018.08.13 22:32:05....	Expert EA学习\EA示例 EURGBP,H1: loaded successfully

交易 | 展示 | 账户历史 | 新闻99 | 警报 | 邮箱1 | 市场31 | 信号 | 代码库 | EA | 日志

寻求帮助,请按F1键

图 3-12　OnTick()触发演示

从图 3-12 可以看出，虽然我们设置了 OnTimer()运行间隔时间是 2 秒，但是我们的策略核心在函数 OnTick()里面，只要价格有变动，EA 就会执行一次，a 的数值就会增加 1。

在实际的编写过程中，我们将两者结合使用，来提高 EA 整体的运行效率，具体的使用方法如下：

```
//+------------------------------------------------------------------
//|Expert initialization function                                   |
//+------------------------------------------------------------------
int OnInit()
  {
//---
   EventSetTimer(1);
   return(INIT_SUCCEEDED);
  }
//+------------------------------------------------------------------
//| Expert deinitialization function
//+------------------------------------------------------------------+
void OnDeinit(const int reason)
  {
//--- destroy timer
    EventKillTimer();
  }
//+------------------------------------------------------------------
//| Expert tick function
//+------------------------------------------------------------------
```

```
void OnTick()
  {
   OnTimer();
  }
//+------------------------------------------------------------------
//| Expert time function
//+------------------------------------------------------------------
void OnTimer()
  {

   //此处编写我们的具体策略内容
  }
```

注意将两者结合使用与单独使用 OnTimer()时的区别。我们在函数 OnTick()里面运行 OnTimer()，这样就可以避免两种事件处理函数中间的交叉部分，极大地提高效率。

3.5　本章小结

本章通过一个示例将 EA 进行了分解与组合，旨在向大家讲解模块化编程的优点，在编程的过程中只要学会“if(条件)　{执行语句;}”语句，灵活使用就可以完成编程。同时讲解了如何将编写好的 EA 进行历史回测以及事件处理函数 OnTimer()。这些知识是编程的根基，一定要好好掌握。

1. 作业

结合本章中的示例，编写如下策略：

如果昨天的最高价比最低价低 100 点，同时市场中没有订单，下一张卖单。卖单要求不设置止损、止盈，下单手数为 0.04 手。如果账户盈利超过 10 美元或者账户亏损超过 5 美元，则卖单平仓。

2. 作业解析

这个作业与我们的示例很接近，只需要把条件语句编写出来，就基本上完成了。通过这个简单的策略旨在让大家学会这个编写的流程，即只需要结合编写模板，在 EA 主程序模块编写策略条件和执行语句即可完成整个编写。切记 EA 的作用是为人所用，而不是将人困在编写的泥潭中。

模板的部分我们就不重复了，只给出主程序模块，其他模块与示例相同。

```
//+------------------------------------------------------------------
//| Expert tick function
//+------------------------------------------------------------------
void OnTick()
  {
 货币对=Symbol();


if(OrdersTotal()==0
&&(iLow(货币对,PERIOD_D1,1)-iHigh(货币对,PERIOD_D1,1))>100*Point)
{下单量=0.04;卖下();  }


if(AccountProfit()>10||AccountProfit()<-5){关闭卖下();}


  }
```

整个的编写紧紧围绕“if(条件) {执行语句;}”这句话，读者在编写之初可以先用中文将条件语句和执行语句写出来，这样整个逻辑就会十分清楚。然后把条件语句和执行语句用 MQL4 语言编写出来，这样就完成了主程序模块的编写，再加上我们提供的模板，整个编写工作就结束了。剩下的就是将 EA 进行历史回测或者模拟盘测试，验证编写过程中条件语句和执行语句有无编写错误。

第 4 章 策略模块详解

在第 3 章中我们将一个完整的 EA 流程分解成了一个个模块，有条件模块、开仓模块、加减仓模块还有平仓模块，将这些模块进行组合就是一个完整的自动化交易程序。所以掌握了这些模块就相当于掌握了编写一个 EA 的全部要素，我们要做的就是模块的整合。

在本书第 2 章中，我们讲了很多系统自带的函数，有 Year()、Month()、Day()、DayOfWeek()、Hour()、Minute()、Symbol()等，这些其实也可以称作小模块，但是这些模块的功能过于单一，只能完成某一个特定的功能，在本章中我们会对非系统自带模块进行详细的介绍，这些模块是很多小模块的功能组合，使用这些模块就相当于调用了很多系统函数。当然，最终目的不是为了每次编程时都能够熟练地写出来这些模块的内容，而是能熟练使用每一个模块整体。这些模块将作为编写模板，而每一次编写都是从模板开始的。

4.1 开仓模块

开仓模块是一个完整策略所必不可少的部分。所有的自动化交易最终的落脚点肯定是“交易”，交易就必然开仓，不开仓的 EA 不叫作自动化交易。因此我们的 EA 必须包含建仓的动作，开仓模块就是完成这个动作的。在本章中讲到的开仓模块包含两个：一个是买单模块，完成下买单的动作；一个是卖单模块，完成下卖单的动作。下面进行详细介绍。

1. 买单模块

买单模块，顾名思义就是完成下买单动作的一个模块。该动作包含下单量、止损点数、止盈点数、启动警报等自定义变量。

（1）模块源码

买单模块包含设置买单属性的各种参量，我们在源码里给出了每句话的中文注释，方便大家学习和理解。具体源码如下：

```
//+------------------------------------------------------------------
//| 下买单模块                                              |
//+------------------------------------------------------------------
   void 买上()
         {
          //将下单量的数值转换成指定的精度
          下单量 = NormalizeDouble(下单量, 2);
          //限制下单量的数值必须大于系统默认该货币对的最小下单量
         if(下单量<MarketInfo(货币对, MODE_MINLOT))
         {下单量=MarketInfo(货币对, MODE_MINLOT);}
          //限制最大下单量
          if(下单量>最大下单量){下单量=最大下单量;}
          //限制下单量的数值必须小于系统默认该货币对的最大下单量
         if(下单量>MarketInfo(货币对, MODE_MAXLOT))
         {下单量=MarketInfo(货币对, MODE_MAXLOT);}
          //计算订单的止盈价格
          if(止盈点数==0) { 止盈价格=0; }
          if(止盈点数>0) {
          止盈价格=(MarketInfo(货币对, MODE_ASK))+(止盈点数
*MarketInfo(货币对,MODE_POINT)); }
          //计算订单的止损价格
          if(止损点数==0) { 止损价格=0; }
          if(止损点数>0) {
```

```
              止损价格=(MarketInfo(货币对, MODE_ASK))-(止损点数
*MarketInfo(货币对,MODE_POINT)); }
              //完成下买单的动作
              ticket=OrderSend(货币对,OP_BUY,下单量,MarketInfo(货币
对, MODE_ASK),滑点,止损价格,止盈价格,"下买单",MAGIC,0,Violet);
              if(ticket<0)
                     {
                       if(启动警报)
                       { Alert("下买单没有成功! ",GetLastError()); }
                     }
               else  {
                       if(启动警报)
                       { Alert("已经成功下了买单! ");}
                     }
            }
```

（2）模块相关函数解析

在介绍这个模块之前，要对这个模块中用到的几个系统自带函数进行介绍，同样我们最终的目的是能够熟练调用这一模块，这很关键，请牢记于心。

① NormalizeDouble()

```
NormalizeDouble() - 标准化双精度型数值
double NormalizeDouble(double value, int digits)
```

浮点型数值四舍五入到指定的精度，返回标准化双精度型数值。

参数：

- value，要转换的数值。
- digits，精度要求，小数点后位数(0～8)

示例：

```
double var1=0.123456789;
Print(DoubleToStr(NormalizeDouble(var1,5),8));
// 输出的信息为: 0.12346000
```

② MarketInfo()

```
MarketInfo("EURUSD", MODE_MINLOT)表示的是输出的结果为对应货币对平台允许的最小下单量。
MarketInfo("EURUSD", MODE_MAXLOT)表示的是输出的结果为对应货币对平台允许的最大下单量。
```

③ OrderSend()

```
OrderSend() - 发出订单
int OrderSend(string symbol, int cmd, double volume,
              double price, int slippage, double stoploss,
              double takeprofit, void comment, void magic,
              void expiration, void arrow_color)
```

该函数主要功能用于开市价单和挂单交易。

如果成功，则由交易服务器返回订单的编号，如果失败，则返回–1。

参数：

- symbol，交易货币对。
- cmd，交易类型。
- volume，交易手数。
- price，交易价格。
- slippage，最大允许滑点数。
- stoploss，止损价格。
- takeprofit，止盈价格。
- comment，注释文本。注释的最后部分可以由服务器修改。
- magic，订单魔术编号。可以作为用户指定识别码使用。
- expiration，订单有效时间（只限挂单）。
- arrow_color，图表上箭头颜色。如果参数丢失或使用 CLR_NONE 价格值，则不会在图表中画出。

示例：

```
    int ticket;
    if(OrdersTotal()==0)
      {
       ticket=OrderSend(Symbol(),OP_BUY,1,Ask,3,Ask-25*Point,
Ask+25*Point,"My order #2",16384,0,Green);
       if(ticket<0)
         {
          Print("OrderSend 失败错误 #",GetLastError());
          return(0);
         }
      }
```

以上就是我们买单模块要用到的系统自带函数，因为它们功能单一，因此为避免我们在实际编写过程中重复书写，我们将其整合成一个大模块，在我们的整个编写体系中，只需要熟练调用就可以了，这样的好处是显而易见的。

（3）模块使用

上面给出的就是我们开仓模块中的一个下买单模块，我们将大部分的编程语言替换成了中文，更加符合中国人的阅读习惯。在模块中用到了很多的中文自定义变量，这些变量在使用的时候必须在 EA 框架的第一部分变量自定义模块中进行声明，如图 4-1 所示。

```
 1 //+------------------------------------------------------------------+
 2 //|                                                     模块讲解.mq4 |
 3 //|                        Copyright 2018, MetaQuotes Software Corp. |
 4 //|                                             https://www.mql5.com |
 5 //+------------------------------------------------------------------+
 6 #property copyright "声响140"
 7 #property copyright "VX:lj568743"
 8 #property link      "https://www.mql5.com"
 9 #property version   "1.00"
10 #property strict
11 double 下单量;
12 string 货币对;
13 double 最大下单量=100;
14 double 止损点数,止损价格;
15 double 止盈点数,止盈价格;
16 int MAGIC=100;int ticket;int 滑点;
17 bool 启动警报=false;
18 //+------------------------------------------------------------------+
```

图 4-1　自定义变量

下买单模块的作用是完成一个下买单的动作，要完成这个动作，需要告诉 EA 我们下的买单是针对哪一种货币对、下单手数是多少、止损点数是多少，以及止盈点数是多少。所以我们在使用这个模块的时候，按照 EA 的阅读顺序，需要先指明这些变量。如果不指明下单量是多少，那么 EA 默认下单量就是该货币对最小下单量。具体的使用方法在第 3 章中介绍过了，这里做一个简单的回顾，例如，当满足条件时，下一张手数 0.09 手、止损 300 点、止盈 500 点的买单执行语句如何写呢？

不管多复杂的策略，都可以套用“if(条件){执行语句;}”来解决。下买单的动作是执行语句，因此这个例子我们要在执行语句部分编写。需要注意的是，在每一句语言结束的时候要以“;”结尾，否则编译的时候会出错。编写如下：

```
if(条件满足){下单量=0.09;止损点数=300;止盈点数=500;买上();}
```

如果条件满足，则按照下单量是 0.09 手，止损点数是 300 点，止盈点数是 500 点下一张买单。如果在开仓的时候不想设置止损、止盈，只需要将止损和止盈点数设置为 0 就可以：

```
if(条件满足){下单量=0.09;买上();}
```

模块的使用就是这么简单，不需要在每次编写的时候都把“买上()”这个模块写出来，只要知道如何调用即可。

2. 卖单模块

卖单模块与买单模块意思相反，即完成一个下卖单的动作。该动作同样包含下单量、止损点数、止盈点数等自定义变量。

（1）模块源码

卖单模块包含设置卖单属性的各种参量，具体源码如下：

```
//+------------------------------------------------------------------
//| 下卖单模块                                                  |
//+------------------------------------------------------------------
   void 卖下()
         {
          //将下单量的数值转换成指定的精度
          下单量 = NormalizeDouble(下单量, 2);
```

```
          //限制下单量的数值必须大于系统默认该货币对的最小下单量
          if(下单量<MarketInfo(货币对, MODE_MINLOT))
          {下单量=MarketInfo(货币对, MODE_MINLOT);}
          //限制最大下单量
          if(下单量>最大下单量){下单量=最大下单量;}
          //限制下单量的数值必须小于系统默认该货币对的最大下单量
          if(下单量>MarketInfo(货币对, MODE_MAXLOT))
          {下单量=MarketInfo(货币对, MODE_MAXLOT);}
          //计算订单的止盈价格
          if (止盈点数==0) { 止盈价格=0; }
          if(止盈点数>0) {
          止盈价格=(MarketInfo(货币对, MODE_BID))-(止盈点数
*MarketInfo(货币对,MODE_POINT)); }
          //计算订单的止损价格
          if (止损点数==0) { 止损价格=0; }
          if(止损点数>0) {
          止损价格=(MarketInfo(货币对, MODE_BID))+(止损点数
*MarketInfo(货币对,MODE_POINT)); }
          //完成下买单的动作
          ticket=OrderSend(货币对,OP_SELL,下单量,MarketInfo(货币
对, MODE_BID),滑点,止损价格,止盈价格,"下卖单",MAGIC,0,GreenYellow);
          if(ticket<0)
                {
                  if(启动警报)
                  { Alert("下卖单没有成功! ",GetLastError()); }
                }
            else  {
                  if(启动警报)
                  { Alert("已经成功下了卖单! ");}
                }
          }
```

（2）模块使用

卖单模块的使用与买单模块一样，都要在完成下卖单动作之前明确几个和卖单相关的要素。例如，当满足条件时，下一张手数为 0.09 手、止损

300 点、止盈 500 点的卖单，这个执行语句如何写呢？编写如下：

```
if(条件满足){下单量=0.09;止损点数=300;止盈点数=500;卖下();}
```

4.2 平仓模块

一个完整的策略除了开仓模块以外，还要有平仓模块，我们知道了怎样开仓，还要知道怎样平仓，有开有平才构成一个完整的交易闭环。我们讲的平仓模块包括平买单模块、平卖单模块、平盈利单模块和平亏损单模块，下面进行详细讲解。

1. 关闭买单模块

关闭买单模块的意思是将买单平仓，例如当买单盈利达到多少时将买单平仓，就需要用到这个模块。

（1）模块源码

```
//+------------------------------------------------------------------
//| 关闭买单模块                                                   |
//+------------------------------------------------------------------
   void 关闭买上()
      {
        //定义要用到的局部变量
        double 卖价;
        double 手数;
        int 订单类型;
        int i;
        bool result = false;
        int 订单号;
        //遍历所有订单
        for(i=OrdersTotal()-1;i>=0;i--)
          {
            if(OrderSelect(i, SELECT_BY_POS))
              {
          //选择符合要求的订单
```

```
                    if(OrdersTotal()>0&&OrderSymbol()==货币对
&&OrderMagicNumber()==MAGIC)
                             {
                              //获取要用到的变量数值
                              卖价=MarketInfo(货币对,MODE_BID);
                              订单号=OrderTicket();
                              手数=OrderLots();
                              订单类型=OrderType();
                              switch(订单类型 )
                                    {
     //如果是买单类型，则将其关闭
     case OP_BUY:
     result = OrderClose(订单号, 手数, 卖价, 滑点, Yellow);
                                         break;
                                    }
                             }
                       }
                   }
              }
```

（2）模块相关函数解析

在关闭买单模块中，我们用到了以下系统自带函数。

① OrderSelect

```
OrderSelect() - 选择订单
bool OrderSelect(int index, int select, void pool)
```

本函数选择一个订单，等待做进一步处理。如果函数成功，则返回 true，如果函数失败，则返回 false。

如果通过订单编号选定订单，则 pool 参数应忽略。

参数：

- index，订单索引或订单号，这取决于第 2 个参数。
- select，选定模式。可以为以下的任意值。
  - SELECT_BY_POS，按订单表中索引。

- SELECT_BY_TICKET，按订单号。
- pool，可选择订单索引。当选择 SELECT_BY_POS 参数时使用。可以为以下的任意值。
  - MODE_TRADES（默认），来自交易的订单（开单和挂单）。
  - MODE_HISTORY，来自历史的订单（已平仓或取消的订单）。

② OrderLots()

```
OrderLots() - 获取订单交易手数
double OrderLots()
```

返回当前订单的交易手数。

注：订单必须使用 OrderSelect() 函数提前选定。

示例：

```
 if(OrderSelect(10,SELECT_BY_POS)==true)
   Print("订单 10 交易手数",OrderLots());
 else
   Print("OrderSelect 返回的 ",GetLastError()错误);
```

③ OrderTicket()

```
OrderTicket() - 获取订单的订单编号
int OrderTicket()
```

返回当前订单的订单编号。

注：订单必须使用 OrderSelect() 函数提前选定。

示例：

```
 if(OrderSelect(12, SELECT_BY_POS)==true)
   order=OrderTicket();
 else
  Print("OrderSelect 失败错误代码",GetLastError());
```

④ OrderType()

```
OrderType() - 获取订单交易类型
int OrderType()
```

返回当前订单的交易类型。

注：订单必须使用 OrderSelect() 函数提前选定。

示例：

```
int order_type;
if(OrderSelect(12, SELECT_BY_POS)==true)
  {
   order_type=OrderType();
  }
else
  Print("OrderSelect() 返回错误 - ",GetLastError());
```

⑤ OrderClose()

```
OrderClose() - 平仓
bool OrderClose(int ticket, double lots,
                double price, int slippage, void Color)
```

订单平仓。如果函数执行成功，则返回 true。如果函数执行失败，则返回 false。想要获得详细错误信息，请调用 GetLastError()函数。

参数：

- ticket，订单号。
- lots，平仓手数。
- price，平仓价格。
- slippage，最高滑点数。
- Color，图表中平仓箭头颜色。如果参数丢失或用 CLR_NONE 值，将不会在图表中画出。

示例：

```
if(AccountProfit()>15)
  {
   OrderClose(order_id,1,Ask,3,Red);
   return(0);
  }
```

（3）模块使用

该关闭买单模块没有输入参数，因此使用的时候直接调用即可。例如，如果账户盈利超过 15 美元，就把所有该货币对指定 MAGIC 值的买单平仓，代码如下：

```
if(AccountProfit()>15)
  {
  关闭买上();
   return(0);
  }
```

2．关闭卖单模块

关闭卖单模块的意思是将卖单平仓，例如当卖单盈利达到多少时将卖单平仓，我们就需要用到这个模块。

（1）模块源码

```
//+------------------------------------------------------------------
//| 关闭卖单模块                                              |
//+------------------------------------------------------------------
   void 关闭卖下()
        {
          //定义要用到的局部变量
          double 买价;
          double 手数;
          int 订单类型;
          int i;
          bool result = false;
          int 订单号;
          //遍历所有订单
          for(i=OrdersTotal()-1;i>=0;i--)
             {
              if(OrderSelect(i, SELECT_BY_POS))
                {
                  //选择符合要求的订单
                  if(OrdersTotal()>0&&OrderSymbol()==货币对
```

```
                    && OrderMagicNumber()==MAGIC)
                    {
                      //获取要用到的变量数值
                      买价=MarketInfo(货币对,MODE_ASK);
                      订单号=OrderTicket();
                      手数=OrderLots();
                      订单类型=OrderType();
                      switch(订单类型 )
                         {
      //如果是卖单类型，则将其关闭
    case OP_SELL:
    result = OrderClose(订单号, 手数, 买价, 滑点, Red);
                              break;
                         }
                    }
                }
            }
        }
```

（2）模块使用

该关闭卖单模块没有输入参数，因此使用的时候直接调用即可。例如，如果账户亏损超过15美元，就把所有该货币对指定MAGIC值的卖单平仓，代码如下：

```
    if(AccountProfit()<-15)
      {
      关闭卖下();
       return(0);
      }
```

3. 关闭盈利订单模块

在实际策略的编写过程中，经常会遇到当满足一定条件时把盈利的订单关闭的情况，因此我们给出关闭盈利订单模块用于实现这种情况。关闭盈利的订单模块包括关闭盈利的卖单和买单两个方面。

（1）模块源码

```
//+------------------------------------------------------------------
//| 平盈利单模块                                                      |
//+------------------------------------------------------------------
 void 关闭盈利的单()
   {
    //定义要用到的局部变量
    double 买价;
    double 卖价;
    int 订单号;
    double 手数;
    int 订单类型;
    bool result = false;
   //遍历所有订单
   for(int i=OrdersTotal()-1;i>=0;i--)
    {
       if(OrderSelect(i, SELECT_BY_POS))
         {
           //选择盈利的且符合要求的订单
           if(OrderSymbol()==货币对
         &&OrderProfit()+OrderSwap()+OrderCommission()>0
         && OrderMagicNumber()==MAGIC)
              {
                //获取要用到的变量数值
                买价=MarketInfo(OrderSymbol(),MODE_ASK);
                卖价=MarketInfo(OrderSymbol(),MODE_BID);
                订单号=OrderTicket();
                手数=OrderLots();
                订单类型=OrderType();
                switch(订单类型 )
                  {
                    //如果订单类型满足，则删除订单
  case OP_BUY:
  result = OrderClose(订单号, 手数, 卖价,滑点, Yellow);
      if(启动警报){ Alert(货币对+"买单盈利的单子关闭 ！");}
```

```
                    break;
    case OP_SELL:
    result = OrderClose(订单号, 手数, 买价,滑点, Red);
        if(启动警报){ Alert(货币对+"卖单盈利的单子关闭 ! ");}
                    break;
                    }
                if(result == false)
              { if(启动警报){Alert("EA关闭盈利的订单失败 !");}}
              }
          }
      }
  }
```

（2）模块相关函数解析

① OrderProfit()

```
OrderProfit() - 获取订单盈利金额
double OrderProfit()
```

返回当前订单的盈利金额（除掉期和佣金外）。对于开仓订单来说，当前为浮动盈利；对于已平仓订单来说，当前为固定盈利。

注：订单必须使用 OrderSelect()函数提前选定。

示例：

```
if(OrderSelect(10, SELECT_BY_POS)==true)
  Print("订单 10 盈利",OrderProfit());
else
  Print("OrderSelect 返回的错误",GetLastError());
```

② OrderSwap()

```
OrderSwap() - 获取订单掉期值
double OrderSwap()
```

返回当前订单的掉期值。

注：订单必须使用 OrderSelect() 函数提前选定。

示例：

```
if(OrderSelect(order_id, SELECT_BY_TICKET)==true)
```

```
    Print("对于订单 #", order_id, "掉期", OrderSwap());
```

③ OrderCommission()

```
OrderCommission() - 获取订单佣金数额
double OrderCommission()
```

返回当前订单的佣金数额。

注：订单必须使用 OrderSelect() 函数提前选定。

示例：

```
  if(OrderSelect(10,SELECT_BY_POS)==true)
    Print("订单 10 "佣金,OrderCommission());
```

我们在计算订单整体盈利的时候，不仅要考虑自身的订单盈利还要考虑该订单的手续费和仓储费，因此要用到 OrderSwap()和 OrderCommission()，如图 4-2 所示。

订单	时间	类型	手数	交易品种	价格	止损	获利	价格	手续费	库存费	获利
85276044	2018.06.25 15:25:28	buy	0.01	audusd	0.74284	0.00000	0.00000	0.74166	0.00	-0.15	-1.18
85276048	2018.06.25 15:25:28	buy	0.01	eurusd	1.16939	0.00000	0.00000	1.16462	0.00	-2.00	-4.77
85276051	2018.06.25 15:25:29	buy	0.01	gbpusd	1.32824	0.00000	0.00000	1.30749	0.00	-1.44	-20.75
85276054	2018.06.25 15:25:31	sell	0.01	usdjpy	109.617	0.000	0.000	112.751	0.00	-1.55	-27.80
85276056	2018.06.25 15:25:32	sell	0.01	usdchf	0.98716	0.00000	0.00000	0.99931	0.00	-1.81	-12.16
86607824	2018.07.03 17:44:22	buy	0.01	audchf	0.73290	0.00000	0.00000	0.74105	0.00	0.83	8.16
86607829	2018.07.03 17:44:24	sell	0.01	audcad	0.97221	0.00000	0.00000	0.97706	0.00	-0.38	-3.68
86607831	2018.07.03 17:44:25	sell	0.01	usdchf	0.99251	0.00000	0.00000	0.99931	0.00	-1.25	-6.80
86607832	2018.07.03 17:44:26	sell	0.01	usdcad	1.31692	0.00000	0.00000	1.31729	0.00	-0.54	-0.28

交易 | 展示 | 账户历史 | 新闻 99 | 警报 | 邮箱 6 | 市场 31 | 信号 | 代码库 | EA | 日志

图 4-2　手续费和仓储费

（3）模块使用

该关闭盈利订单模块没有输入参数，因此使用的时候直接调用即可。例如，如果账户整体盈利 100 美元，就把货币对特定 MAGIC 值盈利的订单平仓。

```
  if(AccountProfit()>100)
    {
    关闭盈利的单();
     return(0);
    }
```

4. 关闭亏损订单模块

关闭亏损订单模块即将亏损的订单平仓，该模块包括关闭亏损的卖单和买单两个方面。

（1）模块源码

```
//+-----------------------------------------------------------------
//| 平亏损单模块                                                    |
//+-----------------------------------------------------------------
  void 关闭亏损的单()
      {
       //定义要用到的局部变量
       double 买价;
       double 卖价;
       int 订单号;
       double 手数;
       int 订单类型;
       bool result = false;
      //遍历所有订单
      for(int i=OrdersTotal()-1;i>=0;i--)
       {
           if(OrderSelect(i, SELECT_BY_POS))
             {
                //选择盈利的且符合要求的订单
                if(OrderSymbol()==货币对
             &&OrderProfit()+OrderSwap()+OrderCommission()<0
             && OrderMagicNumber()==MAGIC)
                   {
                     //获取要用到的变量数值
                     买价=MarketInfo(OrderSymbol(),MODE_ASK);
                     卖价=MarketInfo(OrderSymbol(),MODE_BID);
                     订单号=OrderTicket();
                     手数=OrderLots();
                     订单类型=OrderType();
                     switch(订单类型 )
                        {
                          //如果订单类型满足，则删除订单
    case OP_BUY:
    result = OrderClose(订单号, 手数, 卖价,滑点, Yellow);
```

```
                if(启动警报){ Alert(货币对+"买单亏损的单子关闭 ! ");}
                        break;
        case OP_SELL:
        result = OrderClose(订单号, 手数, 买价,滑点, Red);
                if(启动警报){ Alert(货币对+"卖单亏损的单子关闭 ! ");}
                        break;
                      }
                     if(result == false)
                   { if(启动警报){Alert("EA关闭亏损的订单失败 !");}}
                   }
            }
        }
    }
```

（2）模块使用

该关闭亏损订单模块没有输入参数，因此使用的时候直接调用即可。例如，如果账户整体盈利 100 美元，就把货币对特定 MAGIC 值亏损的订单平仓，代码如下：

```
    if(AccountProfit()>100)
      {
      关闭亏损的单();
       return(0);
      }
```

4.3 挂单模块

我们在第 4.1 节中讲到了开仓模块，分别是开多单模块和开空单模块，这两个模块主要针对现价单，MT4 还支持 4 种挂单模式：BUYSTOP 挂单、BUYLIMIT 挂单、SELLSTOP 挂单和 SELLLIMIT 挂单。下面对这 4 种挂单模块进行详细讲解。

1. BUYSTOP买上挂单模块

BUYSTOP：止损买进，是指以高于现价的价格挂单的买进操作指令。

例如，BUYSTOP 是一个追涨的行为，假设现在 EURUSD（欧元兑美元价格）是 1.4321，你觉得只有向上突破了 1.4400，才能确定升势，并进一步上扬，就可以在 1.4410 价格处挂一张 BUYSTOP 的挂单，那么当 EURUSD 上升到 1.4410 时，挂单才会成交，如果价格继续上涨，则会盈利。

（1）模块源码

```
//+------------------------------------------------------------------
//| BUYSTOP 挂单模块                                                |
//+------------------------------------------------------------------
    void BUYSTOP 买上()
        {
            //将下单量的数值转换成指定的精度
            下单量 = NormalizeDouble(下单量, 2);
            //限制下单量的数值必须大于系统默认该货币对的最小下单量
            if(下单量<MarketInfo(货币对, MODE_MINLOT)){
            下单量=MarketInfo(货币对, MODE_MINLOT);}
            //限制最大下单量
            if(下单量>最大下单量){下单量=最大下单量;}
            //限制下单量的数值必须小于系统默认该货币对的最大下单量
            if(下单量>MarketInfo(货币对, MODE_MAXLOT)){
            下单量=MarketInfo(货币对, MODE_MAXLOT);}
            //限制挂单之间的距离点数和挂单的数量
            if(BUYSTOP 点数距离>2&&BUYSTOP 线条>0)
              {
                for(int K=1; K<=BUYSTOP 线条; K++)
                  {
               //计算挂单的止盈价格
               if(止盈点数==0)  { 止盈价格 1=0;止盈价格=0; }
               if(止盈点数>0){止盈价格 1=(MarketInfo(货币对,
MODE_ASK))+(止盈点数*MarketInfo(货币对,MODE_POINT));止盈价格=止盈价格
1+(K*(BUYSTOP 点数距离*MarketInfo(货币对,MODE_POINT)));}
              //计算挂单的止损价格
              if(止损点数==0)  { 止损价格 1=0;止损价格=0; }
              if(止损点数>0){
    止损价格 1=(MarketInfo(货币对, MODE_ASK))-(止损点数
```

```
*MarketInfo(货币对,MODE_POINT));
        止损价格=止损价格 1+(K*(BUYSTOP 点数距离*MarketInfo(货币
对,MODE_POINT)));}
                        //完成下挂单的动作
          ticket=OrderSend(货币对,OP_BUYSTOP,下单量,MarketInfo(货币对,
MODE_ASK)+(K*BUYSTOP 点数距离*MarketInfo(货币对,MODE_POINT)),滑点,止
损价格,止盈价格,"BUYSTOP",MAGIC,0,Green);

                 }
            if(ticket<0)
                {
                  if(启动警报)
                  { Alert("BUYSTOP 买上失败！");}
                }
            else
                {
                  if(启动警报)
                  { Alert("BUYSTOP 买上成功！");}
                }
             }else return;
        }
```

（2）模块使用

在给出的 BUYSTOP 挂单模块源码中，增加了两个新的自定义变量，分别是 BUYSTOP 点数距离和 BUYSTOP 线条，这两个变量是设置挂单属性的。

BUYSTOP 线条即我们要挂多少个 BUYSTOP 挂单，例如我们要下一个 BUYSTOP 挂单，就把 BUYSTOP 线条数值设置为 1；如果我们要下 10 个挂单，就把该数值设置为 10。

BUYSTOP 点数距离即相邻两个 BUYSTOP 挂单之间的点数距离，例如我们要设置两个挂单间距为 500 点，就将该数值设置为 500。作为变量要在全局使用，就要在 EA 自定义模块进行声明。BUYSTOP 挂单模块没有输入参数，因此使用的时候直接调用即可。例如，当账户中没有订单时，就下

10 张 BUYSTOP 挂单，挂单之间的间距是 200 点。下单量是 0.01，不设置止损、止盈，代码如下：

```
//+------------------------------------------------------------------
//| Expert tick function
//+------------------------------------------------------------------
void OnTick()
  {
    货币对=Symbol();
    if(OrdersTotal()==0)
      {
        下单量=0.01;
         BUYSTOP点数距离=200;
         BUYSTOP线条=10;
         BUYSTOP买上();
      }
  }
```

运行的结果如图 4-3 所示。

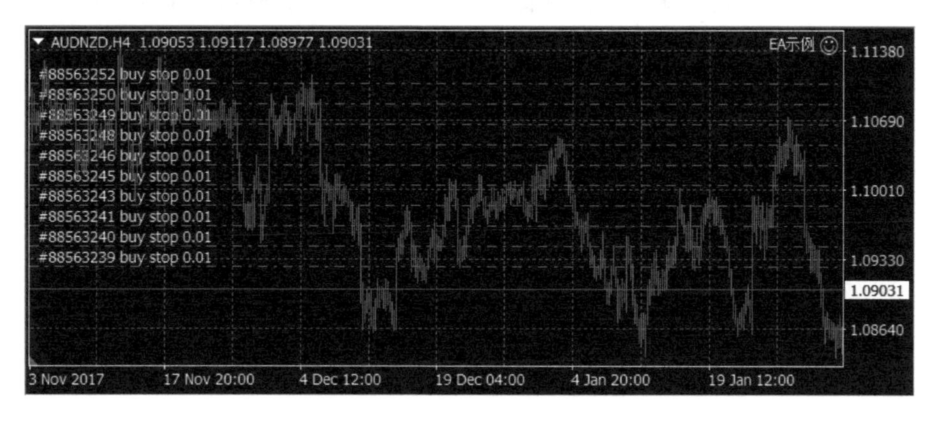

图 4-3　BUYSTOP 挂单效果

2. BUYLIMIT买上挂单模块

BUYLIMIT：限价买进，是指相对于现价而言，低于现价的价格挂单的买进操作指令。例如，BUYLIMIT 设定为以更低的价格买入（做多）。假设现在 EURUSD 是 1.4321，你觉得趋势仍然是向上的，但是价格会回调到

1.4300，然后还会继续上涨，那么可以在价格 1.4300 处设置一个 BUYLIMIT 挂单，当价格回落到 1.4300 时，你的买单将会成交，如果价格上扬，那么你会盈利。

（1）模块源码

```
//+------------------------------------------------------------------
//| BUYLIMIT 挂单模块                                                |
//+------------------------------------------------------------------
    void BUYLIMIT 买上()
        {
            //将下单量的数值转换成指定的精度
            下单量 = NormalizeDouble(下单量, 2);
            //限制下单量的数值必须大于系统默认该货币对的最小下单量
            if(下单量<MarketInfo(货币对, MODE_MINLOT)){
            下单量=MarketInfo(货币对, MODE_MINLOT);}
            //限制最大下单量
            if(下单量>最大下单量){下单量=最大下单量;}
            //限制下单量的数值必须小于系统默认该货币对的最大下单量
            if(下单量>MarketInfo(货币对, MODE_MAXLOT)){
            下单量=MarketInfo(货币对, MODE_MAXLOT);}
            //限制挂单之间的距离点数和挂单的数量
            if(BUYLIMIT 点数距离>2&&BUYLIMIT 线条>0)
              {
                for(int K=1; K<=BUYLIMIT 线条; K++)
                  {
              //计算挂单的止盈价格
              if(止盈点数==0)  { 止盈价格 1=0;止盈价格=0; }
              if(止盈点数>0)   {
        止盈价格 1=(MarketInfo(货币对, MODE_ASK))+(止盈点数
*MarketInfo(货币对,MODE_POINT));
        止盈价格=止盈价格 1-(K*(BUYLIMIT 点数距离*MarketInfo(货币
对,MODE_POINT)));}
              //计算挂单的止损价格
              if(止损点数==0)  { 止损价格 1=0;止损价格=0; }
              if(止损点数>0)   {
```

```
        止损价格 1=(MarketInfo(货币对, MODE_ASK))-(止损点数
*MarketInfo(货币对,MODE_POINT));
        止损价格=止损价格 1-(K*(BUYLIMIT 点数距离*MarketInfo(货币
对,MODE_POINT)));}
                    //完成下挂单的动作
         ticket=OrderSend(货币对,OP_BUYLIMIT,下单量,MarketInfo(货币
对, MODE_ASK)-(K*BUYLIMIT 点数距离*MarketInfo(货币对,MODE_POINT)),滑
点,止损价格,止盈价格,"BUYLIMIT",MAGIC,0,Green);
                 }
             if(ticket<0)
                 {
                   if(启动警报)
                   { Alert("BUYLIMIT 买上失败！");}
                 }
             else
                 {
                   if(启动警报)
                   { Alert("BUYLIMIT 买上成功！");}
                 }
              }else return;
           }
```

（2）模块使用

BUYLIMIT 挂单模块的使用说明与 BUYLSTOP 挂单模块的使用说明相同，需要先声明挂单点数距离和挂单线条数量。例如，当账户中没有订单时，就下两张 BUYLIMIT 挂单，挂单之间的间距是 500 点，下单量是 0.01，不设置止损、止盈，代码如下：

```
//+------------------------------------------------------------------
//| Expert tick function
//+------------------------------------------------------------------
void OnTick()
  {
    货币对=Symbol();
    if(OrdersTotal()==0)
      {
```

```
        下单量=0.01;
         BUYLIMIT点数距离=500;
         BUYLIMIT线条=2;
         BUYLIMIT买上();
      }
   }
```

3. SELLSTOP卖下挂单模块

SELLSTOP：止损卖出，是指以低于现价的价格挂单的卖出操作指令。例如，SELLSTOP 是一个杀跌的行为，假设现在 EURUSD 价格是 1.4321，你觉得只有向下突破了 1.4300，才能确定跌势，并进一步下跌，那么你可以在 1.4290 价位处挂一张 SELLSTOP 挂单。当 EURUSD 下跌到 1.4290 时，你的卖单才会成交，如果继续下跌，那么你会盈利。

（1）模块源码

```
//+------------------------------------------------------------------
//| SELLSTOP挂单模块                                                |
//+------------------------------------------------------------------
   void SELLSTOP卖下()
      {
         //将下单量的数值转换成指定的精度
         下单量 = NormalizeDouble(下单量, 2);
         //限制下单量的数值必须大于系统默认该货币对的最小下单量
        if(下单量<MarketInfo(货币对, MODE_MINLOT)){
        下单量=MarketInfo(货币对, MODE_MINLOT);}
         //限制最大下单量
         if(下单量>最大下单量){下单量=最大下单量;}
         //限制下单量的数值必须小于系统默认该货币对的最大下单量
        if(下单量>MarketInfo(货币对, MODE_MAXLOT)){
        下单量=MarketInfo(货币对, MODE_MAXLOT);}
         //限制挂单之间的距离点数和挂单的数量
         if(SELLSTOP点数距离>2&&SELLSTOP线条>0)
           {
             for(int K=1; K<=SELLSTOP线条; K++)
               {
```

```
                    //计算挂单的止盈价格
                    if(止盈点数==0)  { 止盈价格 1=0;止盈价格=0; }
                    if(止盈点数>0)
                    { 止盈价格 1=(MarketInfo(货币对, MODE_ASK))-(止盈点数
*MarketInfo(货币对,MODE_POINT));
                    止盈价格=止盈价格 1-(K*(SELLSTOP 点数距离
*MarketInfo(货币对,MODE_POINT)));}
                    //计算挂单的止损价格
                    if(止损点数==0)  { 止损价格 1=0;止损价格=0; }
                    if(止损点数>0)
                    { 止损价格 1=(MarketInfo(货币对, MODE_ASK))+(止损点数
*MarketInfo(货币对,MODE_POINT));
                    止损价格=止损价格 1-(K*(SELLSTOP 点数距离
*MarketInfo(货币对,MODE_POINT)));}
                    //完成下挂单的动作
                    ticket=OrderSend(货币对,OP_SELLSTOP,下单
量,MarketInfo(货币对, MODE_ASK)-(K*SELLSTOP 点数距离*MarketInfo(货币
对,MODE_POINT)),滑点,止损价格,止盈价格,"SELLSTOP",MAGIC,0,Green);

                        }
                 if(ticket<0)
                      {
                         if(启动警报)
                         { Alert("SELLSTOP 卖下失败！");}
                      }
                 else
                      {
                         if(启动警报)
                         { Alert("SELLSTOP 卖下成功！");}
                      }
                   }else return;
              }
```

（2）模块使用

SELLSTOP 挂单模块的使用说明与 BUYLSTOP 挂单模块的使用说明相同，需要先声明挂单点数距离和挂单线条数量。举例说明，当账户中没

有订单时，就下 2 张 SELLSTOP 挂单，挂单之间的间距是 500 点。下单量是 0.01，不设置止损、止盈，代码如下：

```
//+--------------------------------------------------------------------
//| Expert tick function
//+--------------------------------------------------------------------
void OnTick()
  {
    货币对=Symbol();
    if(OrdersTotal()==0)
      {
        下单量=0.01;
         SELLSTOP点数距离=500;
         SELLSTOP线条=2;
         SELLSTOP卖下();
      }
  }
```

4. SELLLIMIT卖下挂单模块

SELLLIMIT：限价卖出，是指相对于现价而言，高于现价的价格挂单的卖出操作指令。例如，SELLLIMIT 是设定为以更高的价格卖出（做空），假设现在 EURUSD 是 1.4321，你觉得趋势仍然是向下的，但是价格会反弹到 1.4350，然后还会继续下跌，那么你需要在价格 1.4350 处挂一张 SELLLIMIT 挂单，当价格上涨到 1.4350 时，你的卖单将会成交，如果价格下跌，那么你会盈利。

（1）模块源码

```
//+------------------------------------------------------------------+
//| SELLLIMIT挂单模块                                                |
//+------------------------------------------------------------------+
   void SELLLIMIT卖下()
      {
        //将下单量的数值转换成指定的精度
        下单量 = NormalizeDouble(下单量, 2);
        //限制下单量的数值必须大于系统默认该货币对的最小下单量
```

```
            if(下单量<MarketInfo(货币对, MODE_MINLOT)){
            下单量=MarketInfo(货币对, MODE_MINLOT);}
            //限制最大下单量
            if(下单量>最大下单量){下单量=最大下单量;}
            //限制下单量的数值必须小于系统默认该货币对的最大下单量
            if(下单量>MarketInfo(货币对, MODE_MAXLOT)){
             下单量=MarketInfo(货币对, MODE_MAXLOT);}
             //限制挂单之间的距离点数和挂单的数量
             if(SELLLIMIT点数距离>2&&SELLLIMIT线条>0)
               {
                 for(int K=1; K<=SELLLIMIT线条; K++)
                   {
                //计算挂单的止盈价格
               if(止盈点数==0)  { 止盈价格1=0;止盈价格=0; }
               if(止盈点数>0)
               {止盈价格1=(MarketInfo(货币对, MODE_ASK))-(止盈点数
*MarketInfo(货币对,MODE_POINT));
              止盈价格=止盈价格1+(K*(SELLLIMIT点数距离*MarketInfo(货
币对,MODE_POINT)));}
              //计算挂单的止损价格
              if(止损点数==0)  { 止损价格1=0;止损价格=0; }
              if(止损点数>0)
              {止损价格1=(MarketInfo(货币对, MODE_ASK))+(止损点数
*MarketInfo(货币对,MODE_POINT));
              止损价格=止损价格1+(K*(SELLLIMIT点数距离*MarketInfo(货
币对,MODE_POINT)));}
              //完成下挂单的动作
              ticket=OrderSend(货币对,OP_SELLLIMIT,下单
量,MarketInfo(货币对, MODE_ASK)+(K*SELLLIMIT点数距离*MarketInfo(货币
对,MODE_POINT)),滑点,止损价格,止盈价格,"SELLLIMIT",MAGIC,0,Green);


                   }
             if(ticket<0)
                 {
                    if(启动警报)
                    { Alert("SELLLIMIT卖下失败! ");}
```

```
              }
          else
              {
                if(启动警报)
                { Alert("SELLLIMIT 卖下成功! ");}
              }
            }else return;
      }
```

（2）模块使用

SELLLIMIT 挂单模块的使用说明与 BUYLSTOP 挂单模块的使用说明相同，需要先声明挂单点数距离和挂单线条数量。例如，当账户中没有订单时，就下两张 SELLLIMIT 挂单，挂单之间的间距是 500 点，下单量是 0.01，不设置止损、止盈，代码如下：

```
//+------------------------------------------------------------------+
//| Expert tick function
//+------------------------------------------------------------------+
void OnTick()
  {
    货币对=Symbol();
    if(OrdersTotal()==0)
      {
        下单量=0.01;
         SELLLIMIT 点数距离=500;
         SELLLIMIT 线条=2;
         SELLLIMIT 卖下();
      }
  }
```

5. 删除BUYSTOP挂单模块

有挂单模块当然也有删除挂单模块。当满足一定的条件时，我们需要将没有成交的挂单删除，就需要用到删除挂单模块。删除 BUYSTOP 挂单模块即完成将没有成交的 BUYSTOP 挂单删除的任务。

（1）模块源码

```
//+------------------------------------------------------------------
//| 删除 BUYSTOP 挂单模块
//+------------------------------------------------------------------
void 关闭 BUYSTOP 挂单()
   {
     int 订单号=0;
     int 订单类型;
     int i;
     bool result=false;
     for(i=OrdersTotal()-1;i>=0;i--)
      {
        if(OrderSelect(i, SELECT_BY_POS))
        {
          if(OrderSymbol()==货币对&&OrderMagicNumber()==MAGIC)
          订单号=OrderTicket();
          订单类型=OrderType();
          switch(订单类型)
              {
                case OP_BUYSTOP:result = OrderDelete(订单号);
                if(启动警报){ Alert("成功删除 BUYSTOP 挂单");}
              }
          if(result == false)
            {
              if(启动警报){ Alert("删除 BUYSTOP 挂单失败");}
            }
        }
      }
   }
```

（2）模块相关函数解析

```
OrderDelete() - 删除挂单
bool OrderDelete(int ticket, void Color)
```

删除指定订单的挂单。如果函数成功，则返回 true。如果函数失败，则返回 false。

参数：

- ticket，要删除的订单（挂单）号。
- Color，图表中平仓箭头颜色。如果参数丢失或用 CLR_NONE 值，将不会在图表中画出。

示例：

```
if(Ask>var1)
  {
   OrderDelete(order_ticket);
   return(0);
  }
```

（3）模块使用

该关闭 BUYSTOP 挂单模块没有输入参数，因此使用的时候直接调用即可。例如，当订单数大于 10 时，删除 BUYSTOP 挂单，代码如下：

```
//+------------------------------------------------------------------+
//| Expert tick function                                             |
//+------------------------------------------------------------------+
void OnTick()
  {
    货币对=Symbol();
    if(OrdersTotal()>10)
      {
        关闭 BUYSTOP 挂单();
      }
  }
```

6. 删除BUYLIMIT挂单模块

删除 BUYLIMIT 挂单模块即完成将没有成交的 BUYLIMIT 挂单删除的任务。

（1）模块源码

```
//+------------------------------------------------------------------+
//| 删除 BUYLIMIT 挂单模块                                           |
```

```
//+-----------------------------------------------------------+
void 关闭BUYLIMIT挂单()
  {
   int 订单号=0;
   int 订单类型;
   int i;
   bool result=false;
   for(i=OrdersTotal()-1;i>=0;i--)
    {
      if(OrderSelect(i, SELECT_BY_POS))
      {
        if(OrderSymbol()==货币对&&OrderMagicNumber()==MAGIC)
        订单号=OrderTicket();
        订单类型=OrderType();
        switch(订单类型)
            {
              case OP_BUYLIMIT:result = OrderDelete(订单号);
              if(启动警报){ Alert("成功删除BUYLIMIT挂单");}
            }
        if(result == false)
          {
            if(启动警报){ Alert("删除BUYLIMIT挂单失败");}
          }
      }
    }
  }
```

（2）模块使用

删除BUYLIMIT挂单模块的使用说明与删除BUYLSTOP挂单模块的使用说明相同，在此不再赘述。

7. 删除SELLSTOP挂单模块

删除SELLSTOP挂单模块即完成将没有成交的SELLSTOP挂单删除的任务。

（1）模块源码

```
//+------------------------------------------------------------------+
//| 删除 SELLSTOP 挂单模块                                            |
//+------------------------------------------------------------------+
void 关闭 SELLSTOP 挂单()
  {
    int 订单号=0;
    int 订单类型;
    int i;
    bool result=false;
    for(i=OrdersTotal()-1;i>=0;i--)
     {
       if(OrderSelect(i, SELECT_BY_POS))
       {
         if(OrderSymbol()==货币对&&OrderMagicNumber()==MAGIC)
         订单号=OrderTicket();
         订单类型=OrderType();
         switch(订单类型)
               {
                 case OP_SELLSTOP:result = OrderDelete(订单号);
                 if(启动警报){ Alert("成功删除 SELLSTOP 挂单");}
               }
         if(result == false)
           {
             if(启动警报){ Alert("删除 SELLSTOP 挂单失败");}
           }
       }
     }
  }
```

（2）模块使用

删除 SELLSTOP 挂单模块的使用说明与删除 BUYLSTOP 挂单模块的使用说明相同，在此不再赘述。

8. 删除SELLLIMIT挂单模块

删除 SELLLIMIT 挂单模块即完成将没有成交的 SELLLIMIT 挂单删除的任务。

（1）模块源码

```
//+------------------------------------------------------------------+
//| 删除 SELLLIMIT 挂单模块                                          |
//+------------------------------------------------------------------+
void 关闭 SELLLIMIT 挂单()
  {
    int 订单号=0;
    int 订单类型;
    int i;
    bool result=false;
    for(i=OrdersTotal()-1;i>=0;i--)
     {
      if(OrderSelect(i, SELECT_BY_POS))
      {
        if(OrderSymbol()==货币对&&OrderMagicNumber()==MAGIC)
        订单号=OrderTicket();
        订单类型=OrderType();
        switch(订单类型)
              {
                case OP_SELLLIMIT:result = OrderDelete(订单号);
                if(启动警报){ Alert("成功删除 SELLLIMIT 挂单");}
              }
        if(result == false)
          {
            if(启动警报){ Alert("删除 SELLLIMIT 挂单失败");}
          }
      }
     }
  }
```

（2）模块使用

删除 SELLLIMIT 挂单模块的使用说明与删除 BUYLSTOP 挂单模块的使用说明相同，在此不再赘述。

9. 删除全部挂单模块

在有些策略中，我们会同时挂多个种类的挂单，或者不同货币对的挂单，如果满足一定的条件，需要将挂单都删除。采用单个删除挂单模块的方式分别进行删除也是可以的，但是比较烦琐，这时就需要一个能够删除所有种类挂单的模块。

（1）模块源码

```
//+------------------------------------------------------------------+
//| 删除全部挂单模块                                                  |
//+------------------------------------------------------------------+
void 关闭全部挂单()
  {
   int 订单号=0;
   int 订单类型;
   int i;
   bool result=false;
   for(i=OrdersTotal()-1;i>=0;i--)
    {
      if(OrderSelect(i, SELECT_BY_POS))
      {
        if(OrderSymbol()==货币对&&OrderMagicNumber()==MAGIC)
        订单号=OrderTicket();
        订单类型=OrderType();
        switch(订单类型)
              {
               case OP_BUYLIMIT  :
               case OP_BUYSTOP  :
               case OP_SELLLIMIT:
               case OP_SELLSTOP  :result = OrderDelete(订单号);
               if(启动警报){ Alert("成功删除全部挂单");}
```

```
                }
            if(result == false)
              {
                if(启动警报){ Alert("删除全部挂单失败");}
              }
          }
        }
    }
```

（2）模块使用

删除全部挂单模块的使用说明与删除 BUYLSTOP 挂单模块的使用说明相同，在此不再赘述。

4.4　户口检查模块

我们在前面讲了开仓模块、平仓模块和挂单模块，这些模块是构成“if(条件){执行语句;}”执行语句的重要部分，因为无论哪种策略，最终都要落脚于开仓和平仓。没有开仓和平仓的策略没有任何意义。我们还要重申的是，这些模块不需要在每次编写时都一句一句地写出来，那样就失去了模块化编程的精髓。只需要把这些模块整理成模板，然后熟练地使用这些模块就可以了。

下面再介绍一个十分重要的模块——户口检查模块。这个模块包含很多的自定义变量，而这些变量是构成“if(条件){执行语句;}”条件语句很重要的部分。当然每个人的策略都不一样，这些自定义变量不可能包罗万象。

1. 模块源码

```
//+------------------------------------------------------------------+
//| 户口检查模块                                                     |
//+------------------------------------------------------------------+
void 户口检查管理()
{
历史总下单量=0;历史总盈亏=0;历史下单量=0;历史盈亏=0;
mbbo=0;mbbprofito=0;msso=0;mssprofito=0;bb=0;bbprofit=0;
```

```
    ss=0;ssprofit=0;bb1=0;bbprofit1=0;ss1=0;ssprofit1=0;
    ossa=0;osla=0;obsa=0;obla=0;Twbs=0;Twin=0;Tlbs=0;Tloss=0;
    SLOTS=0;mbb=0;mbbprofit=0;BLOTS=0;mss=0;mssprofit=0;moss=0;
    mosl=0;mobs=0;mobl=0;profitmm=0;TOTALLOTS=0;TLOTSS=0;s=0;
    sprofit=0;LastPricebuy=0;LastPricesell=0;TLOTSB=0;b=0;
SLASTLOTS=0;
    bprofit=0;TLOTS=0;oss=0;osl=0;obs=0;obl=0; BLASTLOTS=0;
      for (int r=0; r<OrdersHistoryTotal(); r++)
          {
             if(OrderSelect(r, SELECT_BY_POS, MODE_HISTORY))
               {
                 if(OrderType() == OP_BUY || OrderType() == OP_SELL)
                    {
                      历史总下单量+=OrderLots();
    历史总盈亏+=OrderProfit()+OrderCommission()+ OrderSwap();
                    }
                 if(OrderSymbol()==货币对)
                   {
                     历史下单量+=OrderLots();
    历史盈亏+=OrderProfit()+OrderCommission()+ OrderSwap();
                     if (OrderType() == OP_BUY)
                        {mbbo++; mbbprofito+=OrderProfit()+OrderSwap
()+OrderCommission();}
                     if (OrderType() == OP_SELL)
                        {msso++; mssprofito+=OrderProfit()+OrderSwap
()+OrderCommission();}
                   }
               }
           }

       for (int cnt=0; cnt<OrdersTotal(); cnt++)
           {
             if(OrderSelect(cnt, SELECT_BY_POS, MODE_TRADES))
               {
             if (OrderType()==OP_BUY&& OrderMagicNumber()==MAGIC)
                     {bb++;
```

```
    bbprofit+=OrderProfit()+OrderSwap()+ OrderCommission();}
            if (OrderType()==OP_SELL&& OrderMagicNumber()==MAGIC)
                     {ss++;
    ssprofit+=OrderProfit()+OrderSwap()+ OrderCommission();}
                  if (OrderType()==OP_BUY)
                    {bb1++;
    bbprofit1+=OrderProfit()+OrderSwap()+ OrderCommission();}
                  if (OrderType()==OP_SELL)
                    {ss1++;
    ssprofit1+=OrderProfit()+OrderSwap()+ OrderCommission();}
                  if (OrderType()==OP_SELLSTOP) {ossa++;}
                  if (OrderType()==OP_SELLLIMIT) {osla++;}
                  if (OrderType()==OP_BUYSTOP) {obsa++;}
                  if (OrderType()==OP_BUYLIMIT) {obla++;}
                 if((OrderType()==OP_BUY||OrderType()==OP_SELL)
                 &&(OrderProfit()+OrderSwap()+OrderCommission())>0)
                    {Twbs++;Twin+=OrderProfit()+OrderSwap()+
OrderCommission();}
                 if((OrderType()==OP_BUY||OrderType()==OP_SELL)
                 &&(OrderProfit()+OrderSwap()+OrderCommission())<0)
                    {Tlbs++;Tloss+=OrderProfit()+OrderSwap()+
OrderCommission();}
                  if((OrderType()==OP_BUY||OrderType()==OP_SELL))
             {TOTALLOTS+=OrderLots();}

                  if (OrderSymbol()==货币对 )
                     {
                      if(OrderType()==OP_BUY)
                     {BLOTS+=OrderLots();mbb++;
         mbbprofit+=OrderProfit()+OrderSwap()+OrderCommission();}
                      if(OrderType()==OP_SELL)
                     {SLOTS+=OrderLots();mss++;
         mssprofit+=OrderProfit()+OrderSwap()+OrderCommission();}
                      if (OrderType()==OP_SELLSTOP) {moss++;}
                      if (OrderType()==OP_SELLLIMIT) {mosl++;}
                      if (OrderType()==OP_BUYSTOP) {mobs++;}
```

```
                    if (OrderType()==OP_BUYLIMIT) {mobl++;}
profitmm+=OrderProfit()+OrderSwap()+ OrderCommission();
                 }

if (OrderSymbol()==货币对&&OrderMagicNumber()== MAGIC )
                 {
                    if(OrderType()==OP_SELL)
{TLOTSS+=OrderLots();s++;SLASTLOTS= OrderLots();
sprofit+=OrderProfit()+OrderSwap()+ OrderCommission();
                    LastPricesell=OrderOpenPrice();}
                    if(OrderType()==OP_BUY )
{TLOTSB+=OrderLots();b++;BLASTLOTS= OrderLots();
bprofit+=OrderProfit()+OrderSwap()+ OrderCommission();
                 LastPricebuy=OrderOpenPrice();}
                    if(OrderType()==OP_SELL||OrderType()==OP_BUY)
                 {TLOTS+=OrderLots();}
                    if (OrderType()==OP_SELLSTOP) {oss++;}
                    if (OrderType()==OP_SELLLIMIT) {osl++;}
                    if (OrderType()==OP_BUYSTOP) {obs++;}
                    if (OrderType()==OP_BUYLIMIT) {obl++;}
                 }
          }
     }
}
```

2. 模块变量讲解

户口检查函数涉及的自定义变量说明如表 4-1 所示。

表 4-1　户口检查函数涉及的自定义变量及其说明

变量名称	变量意义
历史总下单量	已经平仓的所有订单下单量之和
历史总盈亏	已经平仓的所有订单总的盈亏
历史下单量	指定货币对已平仓订单的下单量之和
历史盈亏	指定货币对已平仓订单的盈亏之和
mbbo	指定货币对已平仓买单的数量
mbbprofito	指定货币对已平仓的买单的盈亏之和

续表

变量名称	变量意义
msso	指定货币对已平仓卖单的数量
mssprofito	指定货币对已平仓的卖单的盈亏之和
bb	指定 MAGIC 数值已开仓的买单数量之和（不区分货币对）
bbprofit	指定 MAGIC 数值已开仓的买单盈亏之和（不区分货币对）
ss	指定 MAGIC 数值已开仓的卖单数量之和（不区分货币对）
ssprofit	指定 MAGIC 数值已开仓的卖单盈亏之和（不区分货币对）
bb1	已开仓的买单数量之和（不区分货币对）
bbprofit1	已开仓的买单盈亏之和（不区分货币对）
ss1	已开仓的卖单数量之和(不区分货币对)
ssprofit1	已开仓的卖单盈亏之和（不区分货币对）
ossa	所有未删除的 SELLSTOP 挂单的数量（不区分货币对）
osla	所有未删除的 SELLLIMIT 挂单的数量（不区分货币对）
obsa	所有未删除的 BUYSTOP 挂单的数量（不区分货币对）
obla	所有未删除的 BUYLIMIT 挂单的数量（不区分货币对）
Twbs	所有未平的单子中盈利单子的数量之和（不区分货币对）
Twin	所有未平的单子中盈利单子的盈利之和（不区分货币对）
Tlbs	所有未平的单子中亏损单子的数量之和（不区分货币对）
Tloss	所有未平的单子中亏损单子的亏损之和（不区分货币对）
TOTALLOTS	所有未平的订单下单量之和
BLOTS	指定货币对所有未平的买单下单量之和
mbb	指定货币对所有未平的买单数量之和
mbbprofit	指定货币对所有未平的买单的盈亏之和
SLOTS	指定货币对所有未平的卖单下单量之和
mss	指定货币对所有未平的卖单数量之和
mssprofit	指定货币对所有未平的卖单的盈亏之和
moss	指定货币对的 SELLSTOP 挂单数量之和
mosl	指定货币对的 SELLLIMIT 挂单数量之和
mobs	指定货币对的 BUYSTOP 挂单数量之和
mobl	指定货币对的 BUYLIMIT 挂单数量之和
profitmm	指定货币对的总的盈亏
TLOTSS	指定货币对指定 MAGIC 数值未平仓的卖单下单量之和
s	指定货币对指定 MAGIC 数值未平仓的卖单数量之和
sprofit	指定货币对指定 MAGIC 数值未平仓的卖单盈亏之和
LastPricesell	指定货币对指定 MAGIC 数值未平仓的最近卖单的开盘价格
TLOTSB	指定货币对指定 MAGIC 数值未平仓的买单下单量之和

续表

变量名称	变量意义
b	指定货币对指定 MAGIC 数值未平仓的买单数量之和
bprofit	指定货币对指定 MAGIC 数值未平仓的买单盈亏之和
LastPricebuy	指定货币对指定 MAGIC 数值未平仓的最近买单的开盘价格
TLOTS	指定货币对指定 MAGIC 数值未平仓的订单的下单量之和
oss	指定货币对指定 MAGIC 数值未删除的 SELLSTOP 挂单数量之和
osl	指定货币对指定 MAGIC 数值未删除的 SELLLIMIT 挂单数量之和
obs	指定货币对指定 MAGIC 数值未删除的 BUYSTOP 挂单数量之和
obl	指定货币对指定 MAGIC 数值未删除的 BUYLIMIT 挂单数量之和
SLASTLOTS	指定货币对指定 MAGIC 数值未平仓的最近卖单的下单量
BLASTLOTS	指定货币对指定 MAGIC 数值未平仓的最近买单的下单量

本模块的数据获取一共分为两大部分，一部分是对已经平仓的历史订单进行的一个统计，有了这些变量我们可以轻松地统计出历史订单的各种数据。例如你的账户一共平过多少单子、下单量是多少、盈亏是多少等。另一部分是对开仓订单的一个统计，其中又分为对指定货币对和不指定货币对的统计，其中指定货币对统计部分，又分为指定 MAGIC 数值和不指定 MAGIC 数值的统计。这些统计包括订单数、下单量、盈亏、开仓价格等。

要想熟练地掌握这些变量的具体意义，可以将这些变量通过 Print()函数打印出来加深理解。另外这些自定义变量都是笔者自己定义的，读者可以根据自己的使用习惯对这些变量进行自定义，例如在模块中使用“ossa”表示账户中 SELLSTOP 挂单的数量。

3. 模块使用

在使用户口检查管理模块的时候，因为有些变量涉及指定货币对，因此要先指定货币对名称，再调用这个模块。例如，一个简单策略：现价下 5 张买单、3 张卖单，订单要求不设止损、止盈，下单量为 0.09。当卖单和买单盈利超过 20 美元的时候，将买卖单平仓，代码如下：

```
//+------------------------------------------------------------+
//|Expert tick function                                        |
//+------------------------------------------------------------
void OnTick()
```

```
    {
       货币对=Symbol();
       户口检查管理();
       if(b<5) {下单量=0.09;买上();}
        if(s<3) {下单量=0.09;卖下();
        if(sprofit+bprofit>20){关闭买上();关闭卖下();}
     }
```

我们列举的例子很简单，但是如果读者能够将这些自定义变量灵活使用，变化出来的策略将是无穷无尽的。

4.5　本章小结

本章我们介绍了开仓模块、平仓模块、挂单模块、条件模块等，这些模块是构成我们编写模板不可或缺的部分，将这些小模块集中在“EA 框架”第 5 部分子函数存储模块中就是我们每一次编写开始的模板，而无须每次都重新编写。要对这些小模块能够熟练应用，比如下一张买单，就要知道相关的买单参量有哪些，要用到哪一个小模块。有了这个模板，就可以把全部的精力集中在“EA 框架”主程序部分的编写中，因为我们策略的灵魂就在这里。目前这个模板还不是特别全面，我们在下面的章节中会不断丰富。

1．本章作业

（1）将现有的小模块整合成一个 EA 编写模板。

（2）进场条件：EA 进场就挂单，10 个 BUYSTOP 挂单 200 点数距离，10 个 BUYLIMIT 挂单 200 点数距离。

出场条件：BUY 盈利 2 美元全部清仓出场（包括未成交的挂单）。继续重新开单。其他条件：下单量=0.01，无止损、止盈。

2．作业解析

（1）EA 编写模板：见本书附录 A。

（2）我们利用模板快速写出这个策略：

```
//+------------------------------------------------------------------
//| Expert tick function
//+------------------------------------------------------------------
void OnTick()
  {
     货币对=Symbol();
     户口检查管理();
     if(obs==0)
{下单量=0.01;BUYSTOP点数距离=200;BUYSTOP线条=10;BUYSTOP买上();}
    if(obl==0)
{下单量=0.01;BUYLIMIT点数距离=200;BUYLIMIT线条=10;BUYLIMIT买上
();}
    if(bprofit>2&&b!=0)
{关闭买上();关闭BUYSTOP挂单();关闭BUYLIMIT挂单();}
  }
```

第 5 章 EA 实战

在第 4 章中我们介绍了很多模块，将这些模块组合成一个整体就构成了模板。模板的好处是每一次的程序编写都不需要重新创建 EA 框架，相当于已经完成了整个策略的一部分，剩下的工作就是在 EA 主程序模块编写策略核心内容。这样编写的优点是极大地缩短了编程时间，同时大大提高了程序的可读性。

下面我们将以这个模板为基础，结合指标 EA 的编写，以及外汇操作中常见的网格策略和马丁策略，帮助大家进一步梳理编写 EA 的流程，向大家展示这种模块化编写方式的优点，进一步提高大家学会编程、使用好 EA 的信心。

5.1 技术指标

提到技术分析，不可避免地要说到指标，每一个参与投资市场的人应该都听说过或者使用过各种各样的指标，比如 MA 均线指标、MACD 指标、KDJ 指标、布林轨道等，还有大量的自定义指标。市场上指标种类繁多，针对各种指标又派生出各个技术流派。至于指标的效果，仁者见仁、智者见智，我们不去过多地纠结各个指标的利弊和实际使用的效果，仅仅从编程的角度出发，来学习如何在策略中加入这些指标。至于实际的效果，等到我们将指标类的策略做成自动化交易程序，进行历史回测或者模拟盘测试时便会一目了然。一个策略的好与坏不是用嘴说的，市场才是检验它好坏的唯一试金石。

MT4 平台自身带有很多指标，这些指标 EA 程序都可以调用，调用这些指标就是要计算图表中每根 K 线对应的指标数值，通过对这些数值的比较，就可以完成诸如向上/向下突破指标、金叉/死叉等条件的编写，从而丰富我们的策略。按照本书“只介绍方法、不做工具类书籍”的初衷，在本节中只介绍几个系统自带的常见指标，如果读者需要使用其他的指标，可以自行查阅帮助文档。自定义指标的引用方法与自带指标的引用方法类似。

5.1.1 MA 移动平均线指标

我们在策略中用到的移动平均线指标就是要获取相应 K 线序列对应的均线数值。通过价格与相应均线数值的比较，可以完成向上或者向下突破均线，也可以完成对均线金叉/死叉的判断，因此如何获取这个数值是一个关键。我们在 MT4 软件工具栏点击“数据窗口”图标，就可以打开“数据窗口”，在这个窗口可以看到对应的均线数值。我们将光标移动到哪根 K 线，数据窗口就显示哪根 K 线的数据，如图 5-1 所示。

图 5-1 数据窗口

要获取这个数值，就要用到系统自带的一个函数“iMA()”，下面我们对这个函数进行介绍，代码如下：

```
    iMA() - 移动平均线
    double iMA(string symbol, int timeframe, int period, int
ma_shift,
                 int ma_method, int applied_price, int shift)
```

该函数表示计算相应的移动平均线数值。

参数：

- symbol，要计算指标数据的货币对名称，NULL 表示当前货币对。
- timeframe，时间周期，0 表示当前图表的时间周期。
- period，MA 计算的周期数。
- ma_shift，MA 偏移量。
- ma_method，MA 方法，有多种数值可供选择。
- applied_price，应用的价格，有多种数值可供选择。
- shift，从指标缓冲区中获取值的索引（对应的 K 线序列）。

示例：

```
    第 N 根 K 线对应的均线数值
=iMA(NULL,0,13,8,MODE_SMMA,PRICE_MEDIAN,N);
```

iMA()函数的参量和加载 MA 指标时的参数设置是对应的，我们在加载均线指标的时候会出现如图 5-2 所示的参数设置界面。

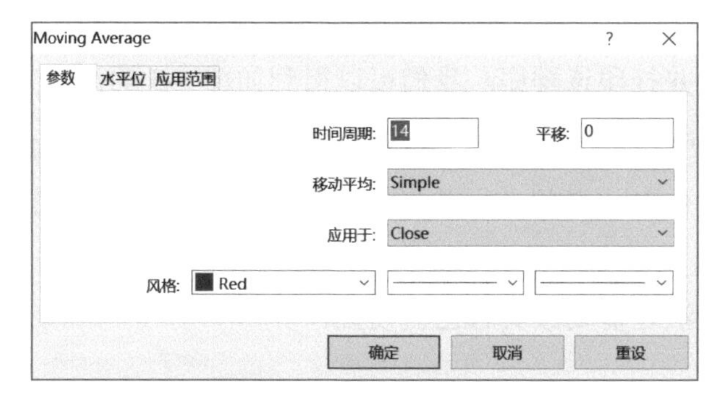

图 5-2　均线设置界面

为方便大家学习，我们将均线参数与 iMA()函数的参量做一个对应，如表 5-1 所示。

表 5-1 均线参数与 iMA()函数参量

均线参数	iMA()函数参量
时间周期	Period（MA 计算的周期数）
平移	ma_shift（MA 偏移量）
移动平均	ma_method（MA 方法）
应用于	applied_price（应用的价格）

只有 iMA()函数参量的设置与加载均线时的参数设置一样，才能保证获取的相应均线数值与数据窗口的数值一样。

1. iMA()数值获取与演示

我们通过程序获取第 0 根 K 线对应的均线数值。均线参数为默认设置，代码如下：

```
    //+------------------------------------------------------------------+
    //| Expert tick function                                             |
    //+------------------------------------------------------------------+
    void OnTick()
      {
        货币对=Symbol();
        double 第 0 根 K 线的 MA 均线数值=iMA(货币对,0,14,0,MODE_SMA,
PRICE_CLOSE,0);
        Print( NormalizeDouble(第 0 根 K 线的 MA 均线数值,Digits));
      }
```

通过运行并打印该程序，我们可以得到如图 5-3 的演示效果。

在图 5-3 中，可以看到我们获取的第 0 根 K 线对应的均线数值与数据窗口显示的数值是一样的，也就说明了程序的编写是没有问题的。有了这个数据就可以完成突破或者对金叉/死叉的判断。当然均线的使用因人而异，更多的玩法还需要读者自己去发掘。

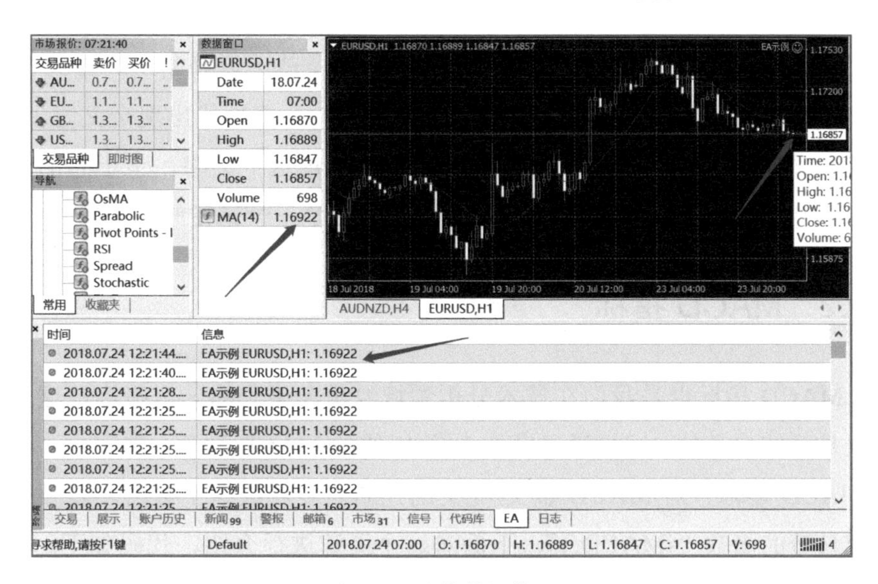

图 5-3　均线数据获取

2. 均线的金叉死叉

较短周期的均线从长期均线的下方向上穿越较长周期的均线，形成的交点就是大家常说的金叉，反之就是死叉。我们在判断均线的金叉/死叉时，使用均线的数值做比较，代码如下：

```
//+------------------------------------------------------------------+
//| Expert tick function                                             |
//+------------------------------------------------------------------+
void OnTick()
  {
    货币对=Symbol();
    double MA1_0=iMA(货币对,0,14,0,MODE_SMA,PRICE_CLOSE,0);
    double MA1_1=iMA(货币对,0,14,0,MODE_SMA,PRICE_CLOSE,1);
    double MA2_0=iMA(货币对,0,55,0,MODE_SMA,PRICE_CLOSE,0);
    double MA2_1=iMA(货币对,0,55,0,MODE_SMA,PRICE_CLOSE,1);
    bool 金叉=false;
    bool 死叉=false;
    if(MA1_0>MA2_0&& MA1_1<MA2_1){金叉=true;}
    if(MA1_0<MA2_0&& MA1_1>MA2_1){死叉=true;}
  }
```

通过比较前两根 K 线不同周期的均线数值，就可以判断出均线的金叉/死叉，继而就可以做出简单的均线策略，例如，两根均线出现金叉时做多，出现死叉时做空。好多人接触投资市场都会听过这个策略，至于它的效果怎样，利用本节的知识编成一个自动化交易程序，一试便知。

5.1.2 MACD 指标

MACD 指标也是我们在技术分析领域经常会碰到的一个指标，这个指标也是系统自带的，同样通过获取对应 K 线的 MACD 数值，来完成诸如突破 MACD 零轴、对 MACD 金叉/死叉的判断。要获取这个数值，就要使用系统自带的函数“iMACD()”，下面对这个函数进行介绍，代码如下：

```
iMACD() - MACD 指标
double iMACD(string symbol, int timeframe,
            int fast_ema_period, int slow_ema_period,
            int signal_period, int applied_price, int shift)
```

该函数表示计算对应 K 线的 MACD 数值。

参数：

- symbol，要计算指标数据的货币对名称，NULL 表示当前货币对。
- timeframe，时间周期，0 表示当前图表的时间周期。
- fast_ema_period，快速移动平均线计算的周期数。
- slow_ema_period，慢速移动平均线计算的周期数。
- signal_period，信号线移动平均计算的周期数。
- applied_price，应用的价格，它可以是应用价格枚举的任意值。
- shift，从指标缓冲区中获取值的索引（相对当前柱子向前移动一定数量周期的偏移量）。

示例：

```
if(iMACD(NULL,0,12,26,9,PRICE_CLOSE,MODE_MAIN,0)>iMACD(NULL,0
,12,26,9,PRICE_CLOSE,MODE_SIGNAL,0)) return(0);
```

对 MACD 金叉/死叉的判断方法和 MA 均线使用方法类似，都是通过对数值的比较来实现的，方法如下：

```
//+------------------------------------------------------------------+
//| Expert tick function                                             |
//+------------------------------------------------------------------+
void OnTick()
  {
    货币对=Symbol();
    double macdm=iMACD(货币对,0,12,26,9,PRICE_CLOSE,MODE_MAIN,
0);
    double macdm1=iMACD(货币对,0,12,26,9,PRICE_CLOSE,MODE_MAIN,
1);
    double macds=iMACD(货币对,0,12,26,9,PRICE_CLOSE,
MODE_SIGNAL,0);
    double macds1=iMACD(货币对,0,12,26,9,PRICE_CLOSE,
MODE_SIGNAL,1);
    bool 金叉=false;
    bool 死叉=false;
    if(macdm>macds&& macdm1<macds1){金叉=true;}
    if(macdm<macds&& macdm1>macds1){死叉=true;}
  }
```

以上两个指标的使用，我们只以金叉/死叉为例进行了讲解，还有对突破零轴的判断请读者按照我们的方法自行尝试。

指标有成千上万种，但是落脚于自动化交易程序，都要获取对应 K 线的指标数值，然后通过对数值的判断来实现在程序中的调用。系统自带的指标还有很多，我们不过多举例，总而言之，指标的使用万变不离其宗，我们只讲授方法，而不做帮助文档的搬运工。

5.1.3 自定义指标 EA

除了系统自带的这些指标以外，我们还会接触到一些自定义指标，这些指标在自动化交易程序中的使用方法与系统自带指标的使用方法一样，都要获取指标的数值。但与系统自带的那些获取指标的函数不同，获取自定义指标数值的函数统一是 iCustom()，下面对这个函数进行介绍，代码如下：

```
iCustom() - 自定义指标
double iCustom(string symbol, int timeframe, string name,
               ..., int mode, int shift)
```

该函数表示计算指定的自定义指标并返回它的值。

参数：

- symbol，要计算指标数据的货币对名称，NULL 表示当前货币对。
- timeframe，时间周期，时间周期可以列举任意值。0 表示当前图表的时间周期。
- name，自定义指标编译过的程序名。
- …，参数设置（如果需要）。传递的参数和其顺序必须与自定义指标外部参数声明的顺序和类型一致。
- mode，指标线索引。数值可以是从 0 到 7 的数字，而且必须与 SetIndexBuffer 函数使用的索引一致。
- shift，从指标缓冲区中获取值的索引（相对当前柱子向前移动一定数量周期的偏移量）。

示例：

```
double val=iCustom(NULL, 0, "自定义指标1",13,1,0);
```

需要说明的是：自定义指标的执行程序文件（自定义指标名称.EX4 文件）需要编译；并且自定义指标的程序文件必须放在 terminal_directory/experts/indicators 目录内。否则在编译的时候会出现打不开自定义指标的错误。

5.2 马丁EA

5.2.1 马丁策略综述

讲到外汇投资的策略就不可避免地要说到马丁格尔策略（简称马丁策

略），马丁策略是一种流行于赌场的策略，理论上这种策略绝对不会输钱。这个策略很简单：在一个压大或压小的赌盘里，一直不断地只压某一单边（如压大或压小），每输钱一次，就把输钱的数目乘上两倍，一直到压盘赢一次，就可以将前面所亏损的金额全部赢回来，并多赢第一次所压的金额。将这种策略运用到外汇市场就是：我们每输一次就把下单量乘上两倍继续下单，直到市场回头。理论上只要你投入的资金无穷大，这个策略肯定是赚钱的，但是投入无穷大的资金是不可能的，使用马丁策略的人大多因为市场出现大的单边，且没有后续资金的投入而爆仓。当然马丁策略对付震荡市场的效果还是明显的。针对马丁策略，又出现了大量的“马丁变形策略”，比如有在入场时机上寻求突破的，也有在加仓策略上寻求突破的，可见大家对马丁格尔策略的喜爱程度。

马丁策略作为一个活跃在外汇资管领域和散户投资领域的明星策略，可以为我们自己的策略提供灵感，切不可将重金用在马丁策略上，因为无论马丁策略前期的资金曲线多么平滑、多么让人为之心动，最终的结果还是爆仓。

5.2.2　马丁策略源码

下面我们来使用编程模板完成马丁策略。

（1）**入场条件**：在 EA 加载时，如果没有卖单就下一张卖单，下单量为 0.01，不设止损、止盈。

（2）**加仓条件**：如果亏损 200 点就继续下一张卖单，下单量为上一张卖单下单量的 2 倍，不设止损、止盈。

（3）**出场条件**：整体盈利 2 美元出场。

核心源码如下：

```
//+------------------------------------------------------------------+
//| Expert tick function                                             |
//+------------------------------------------------------------------+
void OnTick()
```

```
    {
       货币对=Symbol();
       户口检查管理();
       if(s==0){下单量=0.01;卖下();}
       if(s!=0&&(MarketInfo(货币对, MODE_BID)-LastPricesell)>200*
MarketInfo(货币对,MODE_POINT)){下单量=2*SLASTLOTS;卖下();}
       if(AccountProfit()>=2){关闭卖下();}
    }
```

以上就是我们整个马丁策略的核心代码，大名鼎鼎的马丁策略使用几行代码就简单实现了。里面用到了户口检查管理中的几个自定义变量和开仓/平仓模块，如此简单的一个组合就是马丁策略，这也契合了我们学习编程是为了让工具服务策略，而不是为了研究编写的初衷。同时也提醒大家一定要对在第 4 章所给出的小模块有一个深刻的认识，熟练掌握每一个自定义变量的具体含义和使用方法，唯有如此，才能快速高效地将策略编成程序。

5.2.3 马丁 EA 回测

现在我们来看看这个亏损加仓马丁策略的历史回测资金曲线，如图 5-4 所示。

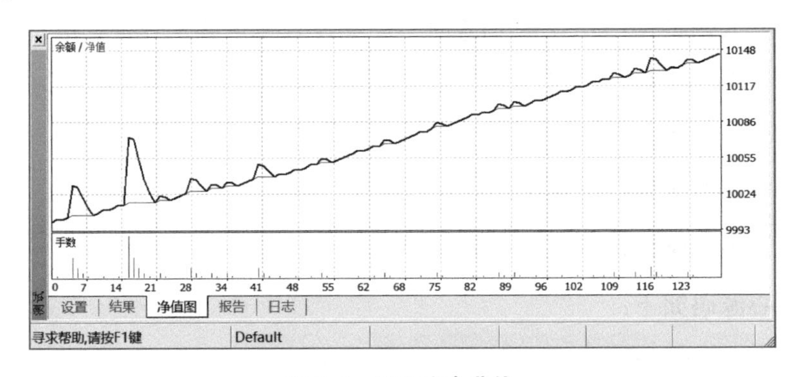

图 5-4 马丁资金曲线

图 5-4 是我们回测一个月的资金曲线。如果回测时间加长至半年或者

一年，只要不出现超级大单边爆仓，相信这个资金曲线就会更加平滑、更加让人心动。但是笔者再次提醒读者朋友，如果有人提供给你一个EA，声称当别人的马丁在回测时出现爆仓，而他的变形马丁却能够完美实现平稳增长，也请不要轻易相信。别有用心的人总会有千万种方法让你相信他，例如，他在EA回测时加入条件，把出现爆仓的时间段跳过去。你觉得可以相信吗？你觉得在实盘操作过程中也能跳过去吗？所以读者朋友在使用马丁策略时要慎之又慎，不要被美丽的外表欺骗。为什么？因为EA告诉了我们一切，我们只需要进行模拟或者历史回测，马丁策略的优点和缺点便能一目了然，但是前提是你要会自己编写EA。

5.3 网格EA

5.3.1 网格策略综述

网格策略也是我们在外汇操作中经常遇到的一个策略。这个原理也很简单，即以某一个价位为基准，向上、向下每间隔一定的距离预埋挂单，就完成了布网的工作，这跟渔民捕鱼的原理是一样的，所以网格策略也被称作渔网策略。这个策略针对波动行情也是十分有效的，但是一个有效的渔网，还需要不断地增加它的优点，减少它的缺点。如何验证？还是要借助于EA。下面我们将这个策略编写成自动化交易程序。

网格策略描述如下。

（1）入场条件：当10日均线和20日均线形成金叉且没有买单时，下一张买单，手数为0.01，不设止损、止盈；当10日均线和20日均线形成死叉且没有卖单时，下一张卖单，手数为0.01，不设止损、止盈。

（2）布网条件：以形成金叉所开买单的开盘价为中心，向上布10张BUYSTOP挂单，向下布10张BUYLIMIT挂单，间隔200点，不设止损、止盈；以形成死叉所开卖单的开盘价为中心，向上布10张SELLLIMIT挂单，向下布10张SELLSTOP挂单，间隔200点，不设止损、止盈。

（3）平仓条件：买单和卖单各自独立，当卖单盈利 2 美元时平仓并删除挂单，等待死叉重新循环；当买单盈利 2 美元时平仓并删除挂单，等待金叉重新循环。

5.3.2 一根 K 线交易一单

在编写网格策略之前，需要先解决重复开单的问题。例如我们在均线形成金叉时开多单，如果按照原来的思路应该这样编写代码：

```
//+------------------------------------------------------------------+
//| Expert tick function                                             |
//+------------------------------------------------------------------+
void OnTick()
  {
    货币对=Symbol();
    if(金叉==true){下单量=0.01;买上();}
  }
```

这是没有问题的，但是在模拟测试或者回测的时候会在出现金叉的那根 K 线处不停地下单，也就是出现重复开仓的问题，不符合我们策略的本意。关于这个问题的处理有好多种方法，本书提供其中一个方法来解决这个问题，具体代码如下：

```
//+------------------------------------------------------------------+
//|Expert tick function                                              |
//+------------------------------------------------------------------+
void OnTick()
  {
    货币对=Symbol();
    if(金叉==true&&一根 K 线交易一单!=Time[0])
  {下单量=0.01;买上();一根 K 线交易一单=Time[0];}
  }
```

我们增加一个自定义变量“一根 K 线交易一单”，在自定义变量模块将其初始化为 0。在条件中加入同时满足“一根 K 线交易一单!=Time[0]”的条件，我们就开一张多单，在完成开仓动作后就将“一根 K 线交易一单”赋值为“Time[0]”，这样即实现了一根 K 线只下一张单子的目的。

5.3.3　网格策略源码

回到网格策略中来，核心源码如下：

```
//+------------------------------------------------------------------+
//| Expert tick function                                             |
//+------------------------------------------------------------------+
void OnTick()
  {
    货币对=Symbol();
    户口检查管理();
    货币对=Symbol();
    double MA1_0=iMA(货币对,0,10,0,MODE_SMA,PRICE_CLOSE,0);
    double MA1_1=iMA(货币对,0,10,0,MODE_SMA,PRICE_CLOSE,1);
    double MA2_0=iMA(货币对,0,20,0,MODE_SMA,PRICE_CLOSE,0);
    double MA2_1=iMA(货币对,0,20,0,MODE_SMA,PRICE_CLOSE,1);
    bool 金叉=false;
    bool 死叉=false;
    if(MA1_0>MA2_0&& MA1_1<MA2_1){金叉=true;}
    if(MA1_0<MA2_0&& MA1_1>MA2_1){死叉=true;}
    if(金叉&&一根 K 线交易一单!=Time[0]&&b==0)
    {下单量=0.01;买上();BUYSTOP 点数距离=200;BUYSTOP 线条=10;
    BUYSTOP 买上();BUYLIMIT 点数距离=200;BUYLIMIT 线条=10;
    BUYLIMIT 买上();一根 K 线交易一单=Time[0];}
    if(死叉&&一根 K 线交易一单!=Time[0]&&s==0)
    {下单量=0.01;卖下();SELLSTOP 点数距离=200;SELLSTOP 线条=10;
    SELLSTOP 卖下();SELLLIMIT 点数距离=200;SELLLIMIT 线条=10;
    SELLLIMIT 卖下();一根 K 线交易一单=Time[0];}
   if(bprofit>2){关闭买上();关闭 BUYSTOP 挂单();
    关闭 BUYLIMIT 挂单();}
  if(sprofit>2){关闭卖下();关闭 SELLSTOP 挂单();
    关闭 SELLLIMIT 挂单();}
  }
```

5.3.4 网格 EA 回测

我们将编写好的网格 EA 进行历史回测，可以得到该 EA 的回测资金曲线，如图 5-5 所示。

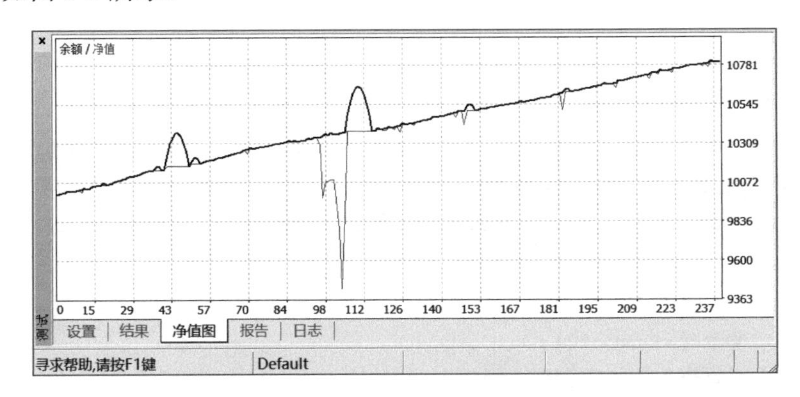

图 5-5 网格 EA 回测资金曲线

从回测的资金曲线来看，账户余额是一直上升的，但是净值在某一个时刻出现了较大的回撤，这种情况是市场出现大的单边行情造成的。我们通过历史回测可以发现一个策略的优点和缺点，然后通过优化来改进自己的策略，而不是主观上认为自己应该怎样改，所有修改的依据都来源于市场，一切由市场说了算。在外汇市场搏杀应该少一些主观臆断，越是聪明人越容易被市场左右，所有的聪明在市场面前都不值一提。

5.4 本章小结

观察本章中的策略源码，可以发现策略的核心我们只使用了“if(条件){结果执行;}”语句。无论策略是简单的还是复杂的，只要学会该语句，都可以将其编写出来，要做的就是把条件写出来，把执行语句找到。希望读者朋友从一开始就能够接受这种模块化编程的方法，这种编写方法对没有编程经验而又想编写自己的自动化交易程序的读者来说，学习起来更加容易。

第 6 章

显示模块详解

在本书第 4 章中，我们对开仓模块、平仓模块和挂单模块进行了讲解，通过这些模块，可以快速编写一个策略，过程就像建造房子一样，从建材物料间选取我们需要的物件即可，而不用去关注这些物料本身是如何制造的，只需要保证物料间有这些物料就可以了，因此熟练调用这些模块是我们编程的关键。在第 5 章中我们以外汇中常见的马丁策略和网格策略为例，进一步梳理了编写 EA 的整个流程，一个完整的自动化交易程序通过“if(条件){结果执行;}”语句再配合我们的模块就完成了编写。

在实际的编写过程中，除了常规的策略编写以外，有时还涉及画面显示、线条重画、下单界面、功能按键等一系列的编写，在如图 6-1 所示的下单功能面板中，用到了背景面板、按键、输入框、文字等，因此本章将对这一功能需求进行讲解，这个功能需求本书统称为显示模块。

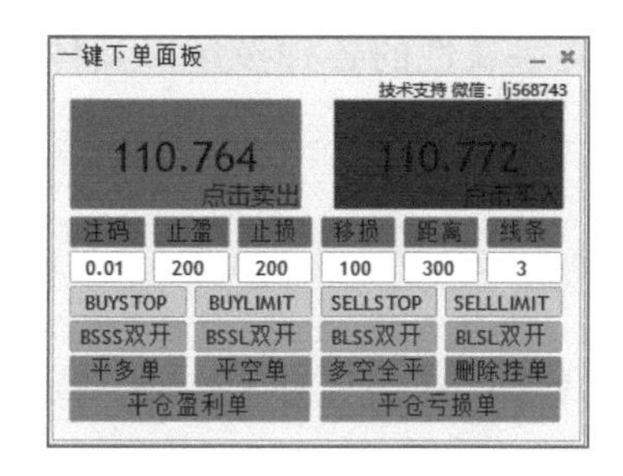

图 6-1　一键下单面板

6.1 画面写字模块

画面写字模块可以在 MT4 的 K 线图界面中书写文字，如图 6-2 所示。我们可以把策略中的一些主要信息以文字的形式显示在界面中，数据的对与错一目了然，尤其是在策略中所涉及的某些变量的计算，比如在实际的编写过程中，读者自认为变量的计算是对的，但是在模拟或者回测时，就是不按照策略的原意运行，于是花了很长时间排错，费了九牛二虎之力才发现是变量计算有问题。如果我们将变量的数值直接显示在界面中，那么在回测一开始就能发现问题。

图 6-2 画面写字演示界面

1. 模块源码

画面写字模块包含文字属性的各种参量，具体的源码如下：

```
//+------------------------------------------------------------------+
//| 画面写字模块                                                      |
//+------------------------------------------------------------------+
void 画面的字(string 物件名字,string 文字内容,int X位置,int Y位置,int 文本字号,string 文本字体,color 文本颜色,int 角落位置)
    {
```

```
    //如果没有该物件就创造以下内容。
    if(ObjectFind(0,物件名字)==-1)
    //创建的物件是"OBJ_LABEL"类型。
    ObjectCreate(物件名字, OBJ_LABEL, 0, 0, 0);
    //设置该物件的文字内容、字体大小、什么字体和文字的颜色。
    ObjectSetText(物件名字,文字内容,文本字号,文本字体,文本颜色);
    //设置该物件的角落位置。
    ObjectSet(物件名字,OBJPROP_CORNER,角落位置);
    //设置该物件的 X 坐标。
    ObjectSet(物件名字, OBJPROP_XDISTANCE, X 位置);
    //设置该物件的 Y 坐标。
    ObjectSet(物件名字, OBJPROP_YDISTANCE, Y 位置);
  }
```

2. 模块相关内容解析

通过创建一个物件并设置其相关属性来完成我们的模块，其中主要用到 ObjectCreate()创建物件函数和 ObjectSet()设定物件相关属性函数。

（1）ObjectCreate()创建物件函数

```
ObjectCreate() - 创建对象
bool ObjectCreate(string name, int type, int window,
               datetime time1, double price1,
               void     time2, void   price2,
               void     time3, void   price3)
```

在指定的窗口中用指定的名称、类型和最初的坐标创建对象。与对象有关的坐标个数可以是 1 到 3 个，坐标个数根据对象类型来定。如果函数成功，则返回 true，如果函数不成功，则返回 false。

OBJ_LABEL 类型的对象忽略坐标。使用 ObjectSet()确定 OBJPROP_XDISTANCE 和 OBJPROP_YDISTANCE 属性。

参数：

- name，对象唯一名称。
- type，对象类型，它可以是对象类型列表的任意值。

- window，要添加对象的窗口索引。窗口索引必须大于或等于 0，并且小于 windowsTotal()。
- time1，第一点时间。
- price1，第一点价格值。
- time2，第二点时间。
- price2，第二点价格值。
- time3，第三点时间。
- price3，第三点价格值。

示例：

```
   // 新文本对象
   if(!ObjectCreate("text_object", OBJ_TEXT, 0, D'2004.02.20
12:30', 1.0045))
     {
      Print("错误:不能创建文本! 代码 #",GetLastError());
      return(0);
     }
   // 新标签对象
   if(!ObjectCreate("label_object", OBJ_LABEL, 0, 0, 0))
     {
      Print("错误:不能创建 label_object! 代码 #",GetLastError());
      return(0);
     }
   ObjectSet("label_object", OBJPROP_XDISTANCE, 200);
   ObjectSet("label_object", OBJPROP_YDISTANCE, 100);
```

（2）ObjectSet()设定物件相关属性函数

```
ObjectSet() - 修改指定对象属性值
bool ObjectSet(string name, int index, double value)
```

修改指定对象的属性值。如果函数成功，则返回 true，如果函数不成功，则返回 false。

参数：

- name，要查找的对象名称。
- index，对象属性的索引。
- value，给定的新属性值

示例：

```
// 将第 1 个坐标移到最后一个柱子的时间
ObjectSet("MyTrend", OBJPROP_TIME1, Time[0]);
// 设定第二个斐波纳契水平线
ObjectSet("MyFibo", OBJPROP_FIRSTLEVEL+1, 1.234);
// 设置对象可视性，对象显示在 15 分钟和 1 小时图表上
ObjectSet("MyObject", OBJPROP_TIMEFRAMES, OBJ_PERIOD_M15 |
OBJ_PERIOD_H1);
```

（3）角落位置

在编写物件的时候，除了需要设定物件的二维坐标（即 *X* 坐标和 *Y* 坐标）之外，还需要选取一个位置基准，这个位置基准就是角落位置。K 线界面的 4 个角对应 4 个位置基准，如图 6-3 所示。我们在实际的使用过程中，根据个人习惯，将模块中的角落位置参量设置成对应的数值，就可以实现物件以界面的 4 个角为基准进行绘制。

图 6-3　角落位置序号对应关系图

3. 模块使用

画面写字模块包含输入参量，因此我们在使用的时候需要将参量具体化。这与第 4 章我们讲解的其他模块的使用方法相同，在 EA 框架的主程序模块里面调用，例如：

```
//+------------------------------------------------------------------+
//| Expert tick function                                             |
//+------------------------------------------------------------------+
void OnTick()
  {

   画面的字("显示文字","模块化编程",20,20,16,"黑体",Red,0);

  }
```

加载 EA 运行的结果如图 6-4 所示。

图 6-4 效果图

6.2 按键模块

一键下单按键我们使用过很多，一个按键就是一个开关，当我们单击时会有相应的动作反馈，非常形象，也非常符合大众的习惯，下面我们对按键模块进行讲解。

1. 模块源码

按键模块包含设置按键属性的各种参量，具体源码如下：

```
//+----------------------------------------------------------+
//| 按键模块                                        |
//+----------------------------------------------------------+
 void 按键(string 按键名字,string txt1,string txt2,int X 位置,int Y 位置,int 长度,int 宽度,int 角落位置,color 颜色 1,color 颜色 2,int 字号)
  {
   //如果没有按键，则创建一个并设置以下内容
   if(ObjectFind(0,按键名字)==-1)
   //创建一个"OBJ_BUTTON"类型的按键
   ObjectCreate(0,按键名字,OBJ_BUTTON,0,0,0);
   //设置按键的 X 坐标
   ObjectSetInteger(0,按键名字,OBJPROP_XDISTANCE,X 位置);
   //设置按键的 Y 坐标
   ObjectSetInteger(0,按键名字,OBJPROP_YDISTANCE,Y 位置);
   //设置按键的长度
   ObjectSetInteger(0,按键名字,OBJPROP_XSIZE,长度);
   //设置按键的宽度
   ObjectSetInteger(0,按键名字,OBJPROP_YSIZE,宽度);
   //设置按键上面文字的字体
   ObjectSetString(0,按键名字,OBJPROP_FONT,"微软雅黑");
   //设置按键上文字的大小
   ObjectSetInteger(0,按键名字,OBJPROP_FONTSIZE,字号);
   //设置按键的角落位置
   ObjectSetInteger(0,按键名字,OBJPROP_CORNER,角落位置);
   //设置在图表中优先接收鼠标点击事件
   ObjectSetInteger(0,按键名字,OBJPROP_ZORDER,0);
   //如果按键被按下，则设置以下内容
   if(ObjectGetInteger(0,按键名字,OBJPROP_STATE)==1)
     {
      //如果按键被按下，则设置按键上文字颜色
```

```
            ObjectSetInteger(0,按键名字,OBJPROP_COLOR,颜色1);
            //如果按键被按下，则设置按键的背景颜色
            ObjectSetInteger(0,按键名字,OBJPROP_BGCOLOR,颜色2);
            //如果按键被按下，则设置按键上文字内容
            ObjectSetString(0,按键名字,OBJPROP_TEXT,txt1);
           }
        //如果按键没有被按下，则设置以下内容
        else
           {
            //如果按键没有被按下，则设置按键上文字颜色
            ObjectSetInteger(0,按键名字,OBJPROP_COLOR,颜色2);
            //如果按键没有被按下，则设置按键背景颜色
            ObjectSetInteger(0,按键名字,OBJPROP_BGCOLOR,颜色1);
            //如果按键没有被按下，则设置按键上文字内容
            ObjectSetString(0,按键名字,OBJPROP_TEXT,txt2);
           }
     }
```

2. 模块使用

按键模块的使用方法与画面写字模块的使用方法一样，直接在主程序调用即可，例如我们创建一个按键，核心源码如下：

```
    //+------------------------------------------------------------------+
    //| Expert tick function
    //+------------------------------------------------------------------
    void OnTick()
      {

       按键("按键1","按键已按下","按键未按下",146,40,60,30,0,
Red,White,10);

      }
```

在创建按键模块时将按键的状态分成了按下和未按下两种，并分别对两种状态的属性进行设置。运行我们刚才编写的按键，在按键没有按下时，按键呈现“按键未按下”状态，如果按键被鼠标单击则呈现“按键已按下”

状态。我们可以在按键被鼠标单击的时候添加一些功能，比如当按键被鼠标单击后呈现“按键已被按下”状态时，将所有盈利的订单平仓，这就是一个很简单的按键功能的添加。快速下单功能和快速平仓功能都可以这样来编写。

6.3 输入框模块

我们在人机交互的时候需要用到输入框，例如通过填入输入框的数字来确定下单量，这样就可以避免每一次更改下单量都要修改源码的麻烦。

1. 模块源码

输入框模块包含设置输入框属性的各种参量，具体源码如下：

```
//+------------------------------------------------------------------+
//| 输入框模块                                                        |
//+------------------------------------------------------------------+
void 输入框(string 输入框名字,color 颜色,int X位置,int Y位置,string
初始内容 ,int 长度,int 宽度,color 背景颜色)
  {
    //如果没有输入框，则创建一个并设置以下内容
    if(ObjectFind(0,输入框名字)==-1)
    //创建输入框，类型为OBJ_EDIT""
    ObjectCreate(0,输入框名字,OBJ_EDIT,0,0,0);
    //设置输入框的X坐标
    ObjectSetInteger(0,输入框名字,OBJPROP_XDISTANCE,X位置);
    //设置输入框的Y坐标
    ObjectSetInteger(0,输入框名字,OBJPROP_YDISTANCE,Y位置);
    //设置输入框的长度
    ObjectSetInteger(0,输入框名字,OBJPROP_XSIZE,长度);
    //设置输入框的宽度
    ObjectSetInteger(0,输入框名字,OBJPROP_YSIZE,宽度);
    //设置输入框的输入文字大小
    ObjectSetInteger(0,输入框名字,OBJPROP_FONTSIZE,10);
    //设置输入框的输入文字的对齐方式
```

```
    ObjectSetInteger(0,输入框名字,OBJPROP_ALIGN,ALIGN_CENTER);
    //设置输入框的只读方式
    ObjectSetInteger(0,输入框名字,OBJPROP_READONLY,false);
    //设置输入框的字体颜色
    ObjectSetInteger(0,输入框名字,OBJPROP_COLOR,颜色);
    //设置输入框的背景颜色
    ObjectSetInteger(0,输入框名字,OBJPROP_BGCOLOR,背景颜色);
    //设置输入框的边框颜色
    ObjectSetInteger(0,输入框名字,OBJPROP_BORDER_COLOR,White);
    //设置输入框是否显示背景
    ObjectSetInteger(0,输入框名字,OBJPROP_BACK,false);
    //设置输入框初始的显示文本
    ObjectSetString(0,输入框名字,OBJPROP_TEXT,初始内容);
}
```

2. 模块使用

我们在讲解使用其他模块的方法的时候，都是在 EA 框架的主程序里面直接调用的该模块，但是输入框模块与其他模块不同，不能在主程序模块中引用。因为货币对的价格变动一次主程序模块就会重新执行一次，如果我们在主程序中引用输入框模块，则价格变动一次输入框就被重绘一次，造成的结果是我们填写进输入框的内容也会被重新擦除，从而一直为初始内容，无法起到储存数据的功能。因此我们不能在主程序模块中引用输入框模块。

既然我们的输入框设置有初始值，就可以考虑让程序只阅读一次，因此可以将输入框模块放到 EA 框架的初始加载函数模块里面来调用，这样既能在输入框显示预设的初始值，也能让程序记录下我们的修改值，同时不因价格变动而重绘输入框。因此我们使用输入框方法如下：

```
//+------------------------------------------------------------------+
//| Expert initialization function                                   |
//+------------------------------------------------------------------+
int OnInit()
  {
```

```
    输入框("1 号输入框",Black,20,72,"0.01",60,30 ,White);
    return(INIT_SUCCEEDED);

}
```

3. 获取输入框数值

知道如何在界面中创造一个输入框物件只是第一步，最重要的是还要知道如何获取输入框的数值，只有这样，输入框才有存在的意义。例如我们的下单量是通过输入框传递数值的，如果我们不知道如何获取输入框内的数值，也就不知道下单量是多少了，那么这个输入框就没有任何实用价值。为了编写方便，我们把获取输入框的数值也整合成一个小模块，代码如下：

```
//+------------------------------------------------------------------+
//| 获取输入框数值模块                                                |
//+------------------------------------------------------------------+
double 获取输入框的值(string 输入框名字)
 {
   string 内容=ObjectGetString(0,输入框名字,OBJPROP_TEXT);
   double 输入框数值=StringToDouble(内容);
   return(输入框数值);
 }
```

以上文中讲解的输入框的使用为例，来计算 1 号输入框内的数值：

```
double 1 号输入框的值=获取输入框的值("1 号输入框");
```

6.4　背景面板模块

现在我们可以编写按键、输入框并在界面上写字了，但是如果我们只是单独地将这些物件罗列在一起，那么各个物件将各自独立，看起来会没有美感，而且杂乱无章，如图 6-5 所示。

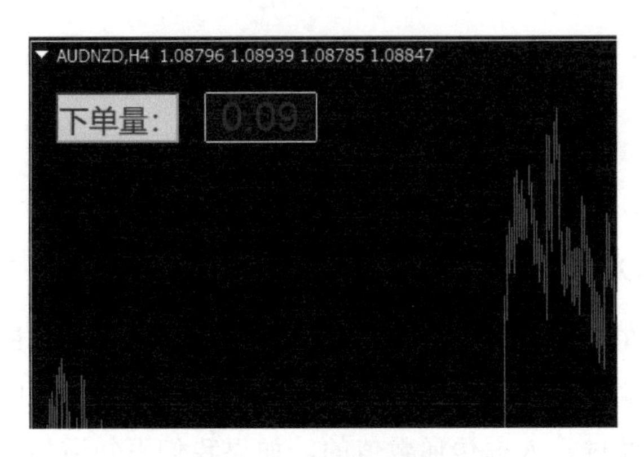

图 6-5　无背景的物件

将两个物件简单地罗列，看起来不是一个整体，因此需要绘制一个背景面板使不同的物件能联系起来。

1. 模块源码

背景面板模块包含设置背景面板属性的各种参量，具体源码如下：

```
//+------------------------------------------------------------------+
//| 背景面板模块                                                      |
//+------------------------------------------------------------------+
void 面板(string 面板名称,int X位置,int Y位置,color 背景颜色,int 面板长度,int 面板宽度)
  {
   //如果没有面板，则创建一个并设置以下内容
   if(ObjectFind(0,面板名称)==-1)
   ObjectCreate(0,面板名称,OBJ_EDIT,0,0,0);
   //设置面板的 X 坐标
   ObjectSetInteger(0,面板名称,OBJPROP_XDISTANCE,X位置);
   //设置面板的 Y 坐标
   ObjectSetInteger(0,面板名称,OBJPROP_YDISTANCE,Y位置);
   //设置面板的背景颜色
   ObjectSetInteger(0,面板名称,OBJPROP_BGCOLOR,背景颜色);
   ObjectSetInteger(0,面板名称,OBJPROP_SELECTED,true);
   //设置面板显示背景与否
   ObjectSetInteger(0,面板名称,OBJPROP_BACK,false);
   //设置面板的长度
```

```
    ObjectSetInteger(0,面板名称,OBJPROP_XSIZE,面板长度);
    //设置面板的宽度
    ObjectSetInteger(0,面板名称,OBJPROP_YSIZE,面板宽度);
    ObjectSetString(0,面板名称,OBJPROP_FONT,"Arial");
    ObjectSetString(0,面板名称,OBJPROP_TEXT,"0");
    ObjectSetInteger(0,面板名称,OBJPROP_FONTSIZE,10);
    ObjectSetInteger(0,面板名称,OBJPROP_COLOR,背景颜色);
    ObjectSetInteger(0,面板名称,OBJPROP_BORDER_COLOR,clrKhaki);
    ObjectSetInteger(0,面板名称,OBJPROP_ALIGN,ALIGN_LEFT);
   }
```

2. 模块使用

所有的物件应该都是在背景面板上绘制的，因此如果要做一个下单面板，首先就应该把背景面板绘制出来，又因为货币对价格的变动对面板没有影响，所以在使用的时候应该在EA初始加载模块的第一步就绘制面板。只有这样，按照EA框架的阅读顺序和规则，后面绘制的其他物件才不会被背景面板遮盖住，代码如下：

```
//+------------------------------------------------------------------+
//| Expert initialization function                                   |
//+------------------------------------------------------------------+
int OnInit()
  {
   面板(1,20,20,Red,400,100);
   输入框("输入框名字",Red,140,40,"90" );
   return(INIT_SUCCEEDED);
  }
```

6.5　删除物件模块

在退出或者删除包含物件的EA时，这些物件不会被删除，而是依然停留在界面，因此我们在退出EA时应该强制将物件删除，删除物件就要用到下面要讲的删除物件模块。

1. 模块源码

删除物件模块不含参量，具体源码如下：

```
//+------------------------------------------------------------------
//| 全部删除物件模块                                                |
//+------------------------------------------------------------------
void 全部删除物件()
  {
   int 总数=ObjectsTotal();
   for(int i=总数-1;i>=0;i--)
     {
      string name=ObjectName(i);
      ObjectDelete(name);
     }
  }
```

删除物件模块主要通过获取物件的名称，使用一个系统自带的函数ObjectDelete()来将所有的物件进行删除。

2. 模块使用

在使用这个模块的时候，我们可以在 EA 框架的初始加载模块、主程序模块和退出加载模块里面使用。在初始加载模块中使用的意思是在加载 EA 时将原来界面上的物件删除。在主程序模块中使用的意思是：如果条件满足，同时货币对价格变动，则将界面上的物件全部删除。在退出加载模块中使用的意思是在退出 EA 时将界面上的物件全部删除。以在退出加载模块中使用为例，源码如下：

```
//+------------------------------------------------------------------
//|Expert deinitialization function                                  |
//+------------------------------------------------------------------
void OnDeinit(const int reason)
  {
   全部删除物件();
  }
```

6.6　事件处理函数

在前文中我们讲到了对物件的绘制，一个物件在图表上被绘制之后还要有一定的交互，比如在点击按键后，需要让 EA 知道我们的点击动作。为了能够让用户与 EA 进行交互，MQL4 设定了图表事件处理函数 OnChartEvent()，这个函数的作用就是接收用户在图表上的操作动作，以做进一步处理。默认的处理函数代码如下：

```
//+------------------------------------------------------------------
//| ChartEvent function
//+------------------------------------------------------------------
void OnChartEvent(const int id,
                  const long &lparam,
                  const double &dparam,
                  const string &sparam)
  {
//---

  }
//+------------------------------------------------------------------
```

我们在第 1 章中讲解“新建模板”时讲到，在设置模板属性的时候可以勾选 OnChartEvent()事件处理函数，如图 6-6 所示。

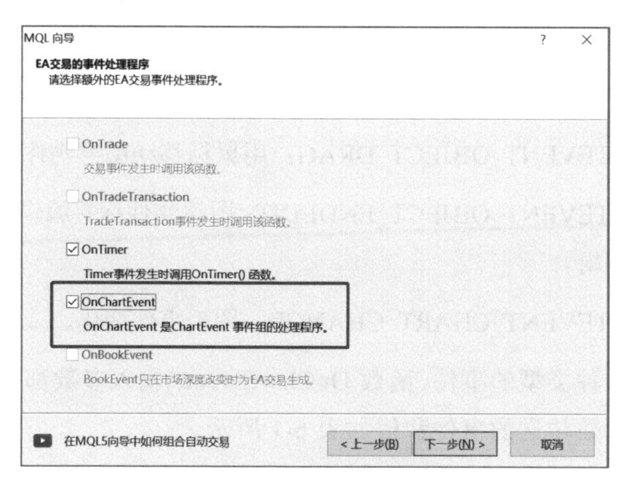

图 6-6　事件处理函数

OnChartEvent()事件处理函数包含以下 4 个参数。

- id：事件 ID。
- lparam：长整数型事件参数。
- dparam：双精度型事件参数。
- sparam：字符串型事件参数。

该函数没有返回值。

图表事件处理函数会进行检测键盘按钮，鼠标移动与点击，控件建立、更改、删除与拖曳，控件编辑等操作。这些操作标示会通过上面的 id 参数传输给函数 OnChartEvent()，同时，通过参数 lparam、dparam、sparam 来接收变动的具体内容。不同的图表事件所产生的变动内容不同，所对应的 3 个参数也不一样。id 的参数可以是下面的值。

- CHARTEVENT_KEYDOWN：击键，图表窗口定格。
- CHARTEVENT_MOUSE_MOVE：鼠标移动事件和鼠标点击事件。
- CHARTEVENT_OBJECT_CREATE：创建图解物件。
- CHARTEVENT_OBJECT_CHANGE：通过属性对话框改变物件属性。
- CHARTEVENT_OBJECT_DELETE：删除图解物件。
- CHARTEVENT_CLICK：鼠标单击图表。
- CHARTEVENT_OBJECT_CLICK：鼠标单击属于图表的图解物件。
- CHARTEVENT_OBJECT_DRAG：用鼠标移动图解物件。
- CHARTEVENT_OBJECT_ENDEDIT：图解物件标签编辑输入框中完成文本编辑。
- CHARTEVENT_CHART_CHANGE：图表事件变化。

对于每一种类型的事件，函数 OnChartEvent()输入参数都有处理事件的定值。通过参数传送的事件和值如表 6-1 所示。

表 6-1　通过参数传递的事件和值

事件	id 参数值	lparam 参数值	dparam 参数值	sparam 参数值
击键	CHARTEVENT_KEYDOWN	按键码	重复次数（用户控制按键后重复击键的次数）	描述键盘按钮状态的位掩码的字符串值
鼠标事件 (如果属性	CHARTEVENT_MOUSE_MOVE	X 坐标	Y 坐标	描述鼠标按钮状态的位掩码的字符串值
创建图解物件	CHARTEVENT_OBJECT_CREATE	—	—	创建的图解物件的名称
通过属性对话框改变物件属性	CHARTEVENT_OBJECT_CHANGE	—	—	更改的图解物件名称
删除图解物件	CHARTEVENT_OBJECT_DELETE	—	—	删除的图解物件名称
鼠标单击图表	CHARTEVENT_CLICK	X 坐标	Y 坐标	—
鼠标单击属于图表的图解物件	CHARTEVENT_OBJECT_CLICK	X 坐标	Y 坐标	事件发生的图解物件名称
用鼠标移动图解物件	CHARTEVENT_OBJECT_DRAG	—	—	移动的图解物件名称
图解物件标签编辑输入框中完成文本编辑	CHARTEVENT_OBJECT_ENDEDIT	—	—	文本编辑完成的图解物件名称
图表更改事件	CHARTEVENT_CHART_CHANGE	—	—	—

我们经常使用的事件就是 CHARTEVENT_OBJECT_CLICK 鼠标点击图表物件动作，比如当点击按键时完成一个下单动作。下面举例来说明 OnChartEvent()事件处理函数的使用，代码如下：

```
//+------------------------------------------------------------------
//|                                                    函数演示.mq4
//|                     Copyright 2018, MetaQuotes Software Corp.
//|                                          https://www.mql5.com
//+------------------------------------------------------------------
#property copyright "声响 140"
#property copyright "VX:lj568743"
#property link      "https://www.mql5.com"
```

```
#property version   "1.00"
#property strict
//+------------------------------------------------------------------
//| Expert initialization function
//+------------------------------------------------------------------
int OnInit()
  {

   return(INIT_SUCCEEDED);
  }
//+------------------------------------------------------------------
//| Expert deinitialization function
//+------------------------------------------------------------------+
void OnDeinit(const int reason)
  {
   全部删除物件();
  }
//+------------------------------------------------------------------
//| Expert tick function
//+------------------------------------------------------------------+
void OnTick()
  {
    按键("1 号按键","按键按下","按键未按下
",20,20,120,30,0,Blue,White,10);

  }

//+------------------------------------------------------------------
//| ChartEvent function
//+------------------------------------------------------------------+
void OnChartEvent(const int id,
                  const long &lparam,
                  const double &dparam,
                  const string &sparam)
  {
//---
```

```
    if(id==CHARTEVENT_OBJECT_CLICK)
      {

        if(sparam=="1 号按键")
          {
           Print("按键被点击！");
          }
      }
  }
```

如果我们点击按键，就会打印“按键被点击！”这句话，如图 6-7 所示。

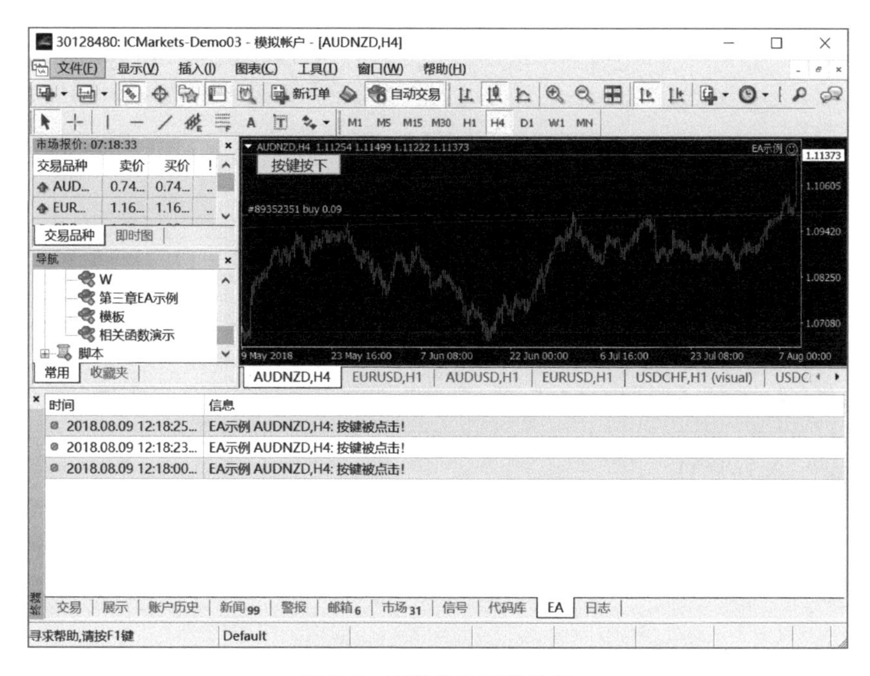

图 6-7　事件处理函数演示

需要注意的是 OnChartEvent()事件处理函数在历史回测过程中是无效的。回到前面举的例子，如果把上面的 EA 进行历史回测，我们点击按键，是不会打印出“按键被点击！”这句话的。如果有读者擅长手动操作，想编写手动下单按键进行历史回测，验证自己的策略也就是要实现在历史回测时按键可用，那么就不能使用 OnChartEvent()事件处理函数来实现，而可以采用下面的方法。

我们在绘制按键的时候，源码中有这么一句“if(ObjectGetInteger(0，按键名字，OBJPROP_STATE)==1)”，它的意思是“如果按键被按下”，即程序表明的是按键的状态。我们可以获取按键的状态，当按键状态呈现“已按下”时，编写执行语句。这样编写的好处是不仅模拟时可用，而且在 EA 历史回测时依然可用。如果采用这样的编写方法，就不需要使用 OnChartEvent()事件处理函数了。

我们将上文中的事件处理函数的演示例子用按键状态来编写，代码如下：

```
//+------------------------------------------------------------------
//|                                                    函数演示.mq4
//|                          Copyright 2018, MetaQuotes Software Corp.
//|                                              https://www.mql5.com
//+------------------------------------------------------------------
#property copyright "声响140"
#property copyright "VX:lj568743"
#property link      "https://www.mql5.com"
#property version   "1.00"
#property strict
//+------------------------------------------------------------------
//| Expert initialization function
//+------------------------------------------------------------------
int OnInit()
  {

   return(INIT_SUCCEEDED);
  }
//+------------------------------------------------------------------
//| Expert deinitialization function
//+------------------------------------------------------------------+
void OnDeinit(const int reason)
  {
   全部删除物件();
  }
//+------------------------------------------------------------------
//| Expert tick function
//+------------------------------------------------------------------+
```

```
void OnTick()
  {
按键("1 号按键","按键按下","按键未按下
",20,20,120,30,0,Blue,White,10);
if(ObjectGetInteger(0,"1 号按键",OBJPROP_STATE)==1)
       {
        Print("按键被点击！ ");
       }


  }

//+------------------------------------------------------------------
//| ChartEvent function
//+------------------------------------------------------------------+
void OnChartEvent(const int id,
                  const long &lparam,
                  const double &dparam,
                  const string &sparam)
  {
//---

  }
```

我们直接在主程序模块里面编写，而不用编写 OnChartEvent()事件处理函数，完成的效果也是一样的，这种编写在历史回测时依然有效。

6.7　本章小结

本章学习了显示模块的内容，通过对这些模块的学习可以编写出各种各样的面板来丰富我们的策略，有一点需要读者注意，因为 EA 按照从上到下、从左到右的阅读顺序，因此我们在编写面板的时候要注意各个物件的放置顺序，防止先放的物件被后面放置的物件所覆盖。

1．作业

使用本章所学的模块，编写一个快速下单面板，如图 6-8 所示，可以

手动输入下单量、止损点数及止盈点数，当点击“BUY”按键时完成下买单动作，参量获取输入框数值；当点击“SELL”按键时完成下卖单动作，参量获取输入框数值。

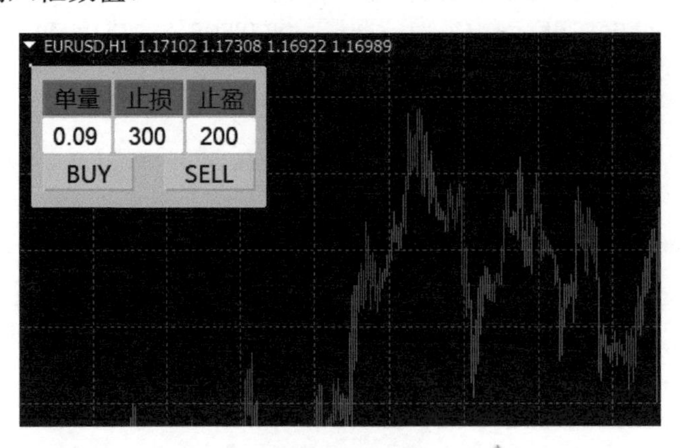

图 6-8 作业

2. 作业解析

不包含子函数存储模块，核心源码如下：

```
//+------------------------------------------------------------------
//|                                                    作业讲解.mq4
//|                    Copyright 2018, MetaQuotes Software Corp.
//|                                          https://www.mql5.com
//+------------------------------------------------------------------+
#property copyright "声响 140"
#property copyright "VX:lj568743"
#property link      "https://www.mql5.com"
#property version   "1.00"
#property strict
double 下单量;
string 货币对;
double 最大下单量=100;
double 止损点数,止损价格,止损价格 1;
double 止盈点数,止盈价格,止盈价格 1;
int MAGIC=100;int ticket;int 滑点;
bool 启动警报=false;
double BUYSTOP 点数距离=500;
```

```
    double BUYLIMIT 点数距离=500;
    double SELLSTOP 点数距离=500;
    double SELLLIMIT 点数距离=500;
    double BUYSTOP 线条=2,BUYLIMIT 线条=1;
    double SELLSTOP 线条=1,SELLLIMIT 线条=1;

    double 历史总下单量=0,历史总盈亏=0,历史下单量=0,历史盈亏=0;
    double mbbo=0,mbbprofito=0,msso=0,mssprofito=0,bb=0,
bbprofit=0;
    double ss=0,ssprofit=0,bb1=0,bbprofit1=0,ss1=0,ssprofit1=0;
    double ossa=0,osla=0,obsa=0,obla=0,Twbs=0,Twin=0,Tlbs=0,
Tloss=0;
    double SLOTS=0,mbb=0,mbbprofit=0,BLOTS=0,mss=0,mssprofit=0,
moss=0;
    double mosl=0,mobs=0,mobl=0,profitmm=0,TOTALLOTS=0,TLOTSS=0,
s=0;
    double sprofit=0,LastPricebuy=0,LastPricesell=0,TLOTSB=0,b=0;
    double bprofit=0,TLOTS=0,oss=0,osl=0,obs=0,obl=0,SLASTLOTS=0,
BLASTLOTS=0;
    datetime 一根 K 线交易一单=0;
    //+------------------------------------------------------------------
    //| Expert initialization function
    //+------------------------------------------------------------------
    int OnInit()
      {
         面板("背景",10,28,clrGainsboro,205,120);
         输入框("下单量 2",Black,20,72,"0.01",60,30 ,White);
         输入框("止损 2",Black,83,72,"100" ,60,30,White);
         输入框("止盈 2",Black,146,72,"200" ,60,30,White);
       return(INIT_SUCCEEDED);
      }
    //+------------------------------------------------------------------
    //| Expert deinitialization function
    //+------------------------------------------------------------------
    void OnDeinit(const int reason)
      {


      }
```

```
//+------------------------------------------------------------------
//| Expert tick function
//+------------------------------------------------------------------
void OnTick()
  {

按键("下单量1","单量","单量",20,40,60,30,0,Lime,Black,10);
按键("止损1","止损","止损",83,40,60,30,0,Lime,Black,10);
按键("止盈1","止盈","止盈",146,40,60,30,0,Lime,Black,10);
按键("BUY","BUY","BUY",20,104,80,30,0,Yellow,Black,10);
按键("SELL","SELL","SELL",126,104,80,30,0,Yellow,Black, 10);
      //如果按键"BUY"被按下
      if(ObjectGetInteger(0,"BUY",OBJPROP_STATE)==1)
        {
         //获取输入框的值
         下单量=获取输入框的值("下单量2");
         止盈点数=获取输入框的值("止盈2");
         止损点数=获取输入框的值("止损2");
         买上();
         //完成买单动作之后将按键弹起
         ObjectSetInteger(0,"BUY",OBJPROP_STATE,false);
        }
      if(ObjectGetInteger(0,"SELL",OBJPROP_STATE)==1)
        {
         //获取输入框的值
         下单量=获取输入框的值("下单量2");
         止盈点数=获取输入框的值("止盈2");
         止损点数=获取输入框的值("止损2");
         卖下();
         //完成卖单动作之后将按键弹起
         ObjectSetInteger(0,"SELL",OBJPROP_STATE,false);
        }
  }
```

第 7 章

其他常用模块

前面几章详细介绍了开仓模块、平仓模块及显示模块，读者熟练使用这些模块后，即可快速编写出一个自动化交易程序。为了编写过程中的简便，下面继续介绍另外几个模块，包括报错模块、移动止损模块、日盈亏统计模块和加密模块。

7.1 报错模块

在编写自动化交易程序的过程中，如果函数运行正常，则返回 true，如果出现错误，就会返回 false，我们可以通过系统自带函数 GetLastError() 获取返回 false 时的错误代码，通过错误代码找到错误的原因，比如，下单的手数超过最大值、开仓需要的保证金不够、账户无效等。有了这些故障代码就可以对症下药，快速定位故障、排除故障。

1. 模块源码

```
//+------------------------------------------------------------------
//| 报错模块                                                 |
//+------------------------------------------------------------------
    void 报错模块(string a)
      {
```

```
//自动更新数据
RefreshRates();
//判断 EA 是否在优化模式中运行
if(IsOptimization())
return;
int 错误代码=GetLastError();
string 报警内容;
if(错误代码!=0)
   switch(错误代码)
     {
      case 3:报警内容=
      "错误代码:"+3+"  无效交易参量";break;
      case 4:报警内容=
      "错误代码:"+4+"  交易服务器繁忙";break;
      case 5:报警内容=
      "错误代码:"+5+"  客户终端旧版本";break;
      case 6:报警内容=
      "错误代码:"+6+"  没有连接服务器";break;
      case 7:报警内容=
      "错误代码:"+7+"  没有权限";break;
      case 9:报警内容=
      "错误代码:"+9+"  交易运行故障";break;
      case 64:报警内容=
      "错误代码:"+64+"  账户禁止";break;
      case 65:报警内容=
      "错误代码:"+65+"  无效账户";break;
      case 129:报警内容=
      "错误代码:"+129+"  无效价格";break;
      case 130:报警内容=
      "错误代码:"+130+"  无效停止";break;
      case 131:报警内容=
      "错误代码:"+131+"  无效交易量";break;
      case 132:报警内容=
      "错误代码:"+132+"  市场关闭";break;
      case 133:报警内容=
      "错误代码:"+133+"  交易被禁止";break;
```

```
            case 134:报警内容=
            "错误代码:"+134+"  资金不足";break;
            case 135:报警内容=
            "错误代码:"+135+"  价格改变";break;
            case 137:报警内容=
            "错误代码:"+137+"  经纪繁忙";break;
            case 139:报警内容=
            "错误代码:"+139+"  订单被锁定";break;
            case 140:报警内容=
            "错误代码:"+140+"  只允许看涨仓位";break;
            case 147:报警内容=
            "错误代码:"+147+"  时间周期被经纪否定";break;
            case 148:报警内容=
            "错误代码:"+148+"  开单和挂单总数已被经纪限定";break;
            case 149:报警内容=
"错误代码:"+149+"  当对冲备拒绝时,打开相对于现有的一个单置";break;
            case 150:报警内容=
            "错误代码:"+150+"  把为反 FIFO 规定的单子平掉";break;
            case 4000:报警内容=
            "错误代码:"+4000+"  没有错误";break;
            case 4001:报警内容=
            "错误代码:"+4001+"  错误函数指示";break;
            case 4002:报警内容=
            "错误代码:"+4002+"  数组索引超出范围";break;
            case 4003:报警内容=
  "错误代码:"+4003+"  对于调用堆栈储存器函数没有足够内存";break;
            case 4004:报警内容=
            "错误代码:"+4004+"  循环堆栈储存器溢出";break;
            case 4005:报警内容=
            "错误代码:"+4005+"  对于堆栈储存器参量没有内存";break;
            case 4006:报警内容=
            "错误代码:"+4006+"  对于字行参量没有足够内存";break;
            case 4007:报警内容=
            "错误代码:"+4007+"  对于字行没有足够内存";break;
            case 4009:报警内容=
            "错误代码:"+4009+"  在数组中没有初始字串符";break;
```

```
        case 4010:报警内容=
        "错误代码:"+4010+"  对于数组没有内存";break;
        case 4011:报警内容=
        "错误代码:"+4011+"  字行过长";break;
        case 4012:报警内容=
        "错误代码:"+4012+"  余数划分为零";break;
        case 4013:报警内容=
        "错误代码:"+4013+"  零划分";break;
       case 4014:报警内容=
       "错误代码:"+4014+"  不明命令";break;
        case 4015:报警内容=
        "错误代码:"+4015+"  错误转换(没有常规错误)";break;
        case 4016:报警内容=
        "错误代码:"+4016+"  没有初始数组";break;
        case 4017:报警内容=
        "错误代码:"+4017+"  禁止调用 DLL ";break;
        case 4018:报警内容=
        "错误代码:"+4018+"  数据库不能下载";break;
        case 4019:报警内容=
        "错误代码:"+4019+"  不能调用函数";break;
        case 4020:报警内容=
        "错误代码:"+4020+"  禁止调用智能交易函数";break;
        case 4021:报警内容=
    "错误代码:"+4021+"  对于来自函数的字行没有足够内存";break;
        case 4022:报警内容=
        "错误代码:"+4022+"  系统繁忙 (没有常规错误)";break;
        case 4050:报警内容=
        "错误代码:"+4050+"  无效计数参量函数";break;
        case 4051:报警内容=
        "错误代码:"+4051+"  无效参量值函数";break;
        case 4052:报警内容=
        "错误代码:"+4052+"  字行函数内部错误";break;
        case 4053:报警内容=
        "错误代码:"+4053+"  一些数组错误";break;
        case 4054:报警内容=
        "错误代码:"+4054+"  应用不正确数组";break;
```

```
case 4055:报警内容=
"错误代码:"+4055+"  自定义指标错误";break;
case 4056:报警内容=
"错误代码:"+4056+"  不协调数组";break;
case 4057:报警内容=
"错误代码:"+4057+"  整体变量过程错误";break;
case 4058:报警内容=
"错误代码:"+4058+"  整体变量未找到";break;
case 4059:报警内容=
"错误代码:"+4059+"  测试模式函数禁止";break;
case 4060:报警内容=
"错误代码:"+4060+"  没有确认函数";break;
case 4061:报警内容=
"错误代码:"+4061+"  发送邮件错误";break;
case 4062:报警内容=
"错误代码:"+4062+"  字行预计参量";break;
case 4063:报警内容=
"错误代码:"+4063+"  整数预计参量";break;
case 4064:报警内容=
"错误代码:"+4064+"  双预计参量";break;
case 4065:报警内容=
"错误代码:"+4065+"  数组作为预计参量";break;
case 4066:报警内容=
"错误代码:"+4066+"  刷新状态请求历史数据";break;
case 4067:报警内容=
"错误代码:"+4067+"  交易函数错误";break;
case 4099:报警内容=
"错误代码:"+4099+"  文件结束";break;
case 4100:报警内容=
"错误代码:"+4100+"  一些文件错误";break;
case 4101:报警内容=
"错误代码:"+4101+"  错误文件名称";break;
case 4102:报警内容=
"错误代码:"+4102+"  打开文件过多";break;
case 4103:报警内容=
"错误代码:"+4103+"  不能打开文件";break;
```

```
            case 4104:报警内容=
            "错误代码:"+4104+"  不协调文件";break;
            case 4105:报警内容=
            "错误代码:"+4105+"  没有选择订单";break;
            case 4106:报警内容=
            "错误代码:"+4106+"  不明货币对";break;
            case 4107:报警内容=
            "错误代码:"+4107+"  无效价格";break;
            case 4108:报警内容=
            "错误代码:"+4108+"  无效订单编码";break;
            case 4109:报警内容=
            "错误代码:"+4109+"  不允许交易";break;
            case 4110:报警内容=
            "错误代码:"+4110+"  不允许长期";break;
            case 4111:报警内容=
            "错误代码:"+4111+"  不允许短期";break;
            case 4200:报警内容=
            "错误代码:"+4200+"  订单已经存在";break;
            case 4201:报警内容=
            "错误代码:"+4201+"  不明订单属性";break;
            case 4203:报警内容=
            "错误代码:"+4203+"  不明订单类型";break;
            case 4204:报警内容=
            "错误代码:"+4204+"  没有订单名称";break;
            case 4205:报警内容=
            "错误代码:"+4205+"  订单坐标错误";break;
            case 4206:报警内容=
            "错误代码:"+4206+"  没有指定子窗口";break;
            case 4207:报警内容=
            "错误代码:"+4207+"  订单一些函数错误";break;
            case 4250:报警内容=
            "错误代码:"+4250+"  错误设定发送通知到队列中";break;
            case 4253:报警内容=
            "错误代码:"+4253+"  通知发送过于频繁";break;
        }
    if(错误代码!=0)
```

```
        {
        //如果交易繁忙
         while(IsTradeContextBusy())
         //暂停执行 300 毫秒
            Sleep(300);
         Print(a+报警内容);
        }
    }
```

2. 模块相关函数解析

报错模块主要用到 GetLastError()函数，该函数返回最新产生的错误信息，具体如下：

```
GetLastError() - 获取最新产生的错误信息
int GetLastError()
```

本函数先返回最新产生的错误信息，然后将保存出错代码的 last_error 变量值归零。所以，再次调用 GetLastError()函数时将返回 0。

示例：

```
  int err;
  int handle=FileOpen("somefile.dat", FILE_READ|FILE_BIN);
  if(handle<1)
    {
     err=GetLastError();
     Print("错误(",err,"): ",ErrorDescription(err));
     return(0);
    }
```

3. 模块使用

我们一般在下单命令处使用报错模块，当完成一个下单动作之后，我们加上一个报错模块，如果下单不成功，报错模块就会提示下单不成功的具体原因，可以根据具体原因进行排错。我们以第 3 章的示例 EA 为例，其具体的使用方法如下：

```
void OnTick()
  {
```

```
    //指定交易的货币对名称为 EA 加载时的货币对
    货币对=Symbol();
    //条件 1：没有订单。条件 2：今天的开盘价格比昨天收盘价高 20 点
    if(OrdersTotal()==0)
     {
    //指定下单量的大小
      下单量=20;
    //指定止损点数
      止损点数=100;
    //指定止盈点数
      止盈点数=200;
    //完成下买单动作
      买上();
      报错模块("");
     }
     //条件 1：有一张订单。条件 2：昨天的开盘价格比收盘价格高 30 点
  if(OrdersTotal()==1
  &&(iOpen(货币对,PERIOD_D1,1)-iClose(货币对,PERIOD_D1,1))>
30*Point)
      {
    //指定下单量的大小
      下单量=0.04;
    //完成下卖单动作
      卖下();
       报错模块("");
      }

    //如果账户盈利大于 3 美金，则将买单和卖单平仓
  if(AccountProfit()>3){关闭买上();关闭卖下();}
   }
```

以上源码只给出了主程序模块部分，策略是当满足条件时下一张 20 手的买单，因为可用保证金不足，所以系统不会下单。若使用报错模块，就会提示我们资金不足，如图 7-1 所示。

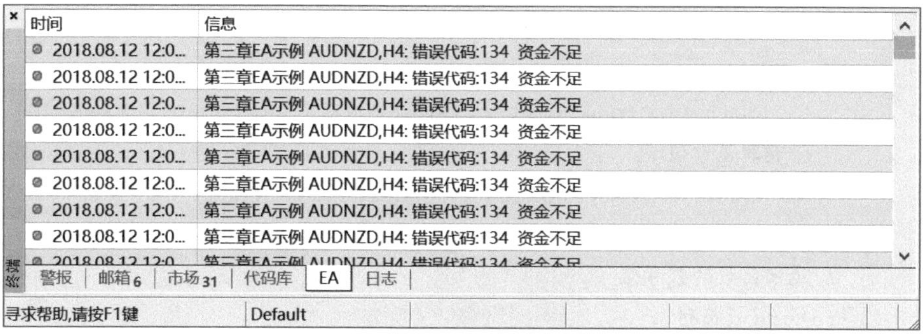

时间	信息
2018.08.12 12:0...	第三章EA示例 AUDNZD,H4: 错误代码:134 资金不足
2018.08.12 12:0...	第三章EA示例 AUDNZD,H4: 错误代码:134 资金不足
2018.08.12 12:0...	第三章EA示例 AUDNZD,H4: 错误代码:134 资金不足
2018.08.12 12:0...	第三章EA示例 AUDNZD,H4: 错误代码:134 资金不足
2018.08.12 12:0...	第三章EA示例 AUDNZD,H4: 错误代码:134 资金不足
2018.08.12 12:0...	第三章EA示例 AUDNZD,H4: 错误代码:134 资金不足
2018.08.12 12:0...	第三章EA示例 AUDNZD,H4: 错误代码:134 资金不足
2018.08.12 12:0...	第三章EA示例 AUDNZD,H4: 错误代码:134 资金不足

终端　警报 | 邮箱6 | 市场31 | 代码库 | EA | 日志

寻求帮助,请按F1键　Default

图 7-1　报错模块演示

7.2　日盈亏统计模块

我们在第 4 章中介绍过户口检查管理子函数，该子函数可以获取指定货币对的历史盈亏数据，但是我们对某一天的盈亏数据没有统计，在实际的编写过程中，可能会遇到需要统计昨天的盈亏、前天的盈亏或者是大前天的盈亏等数据的情况，这时就需要用到日盈亏统计模块。

1. 模块源码

该模块为返回数据的子函数，源码如下：

```
//+------------------------------------------------------------------
//| 日盈利统计模块                                                   |
//+------------------------------------------------------------------
double 日盈利获取(int K)
 {
   //定义局部变量
   double 获利 = 0;
   //遍历历史订单
   for (int i = 0; i < OrdersHistoryTotal(); i++)
     {
       //选择订单
if (!(OrderSelect(i, SELECT_BY_POS, MODE_HISTORY))) break;
         //指定货币对
         if (OrderSymbol() == 货币对)
```

```
        //限定收盘时间为某一天的开始和结束之间
    if (OrderCloseTime()>=iTime(货币对, PERIOD_D1, K)
      &&OrderCloseTime()<iTime(货币对, PERIOD_D1, K)+86400)
  //获取盈亏值
 获利 = 获利 + OrderProfit() + OrderCommission() + OrderSwap();
  }
 //返回函数的盈亏值
 return (获利); }
```

这个子函数为统计某一天的盈亏值，因此在限制收盘时间的时候我们计算一天的开始和结束时间，一天 24 小时一共 86 400 秒，所以在计算一天结束时间时，用一天的开始时间加上 86 400 来表示。

2. 模块使用

该模块中“K”的值表示日线图中 K 线的序号，因此，“K=0”表示的是今天的盈亏统计；“K=1”表示的是昨天的盈亏统计；“K=2”表示的是前天的盈亏统计，以此类推。

```
//+------------------------------------------------------------------
//| Expert tick function
//+------------------------------------------------------------------
void OnTick()
  {
   Print("昨天的盈亏值是"+日盈利获取(1));
  }
```

我们直接用“日盈利获取(1)”表示昨天的盈亏之和。

7.3 移动止损模块

移动止损又称“追踪止损”，是追随最新价格设置一定点数的止损，只随汇价朝仓位的有利方向变动而触发，是在进入获利阶段时设置的指令，目的是实现大部分账面收益。移动止损是技术分析领域经常会用到的一个功能，如果不采用模块化进行编程，那么该功能实现起来就会特别烦琐，我们将其整合成一个模块，这样在使用的时候就会像开单一样便捷。

1. 模块源码

移动止损模块的源码如下：

```
//+-------------------------------------------------------------
//| 移动止损模块                                              |
//+-------------------------------------------------------------
 void 移动止损()
 {
      int total = OrdersTotal();
      //遍历所有订单
      for (int i = 0; i < total; i++)
      {
         //选择订单
         if(OrderSelect(i, SELECT_BY_POS, MODE_TRADES))
           {
             //指定货币对
             if ( OrderSymbol() == 货币对 )
                 {
                      //选择订单类型
                      if (OrderType() == OP_BUY)
                         {
                //如果现价比开盘价格高"启动点数"，就启动移动止损功能
                               if ( MarketInfo(货币对,MODE_BID) -
OrderOpenPrice()>启动点数*MarketInfo(OrderSymbol(), MODE_POINT) )
                                 {
                                   //设定止损价格条件
             if (OrderStopLoss() < MarketInfo(货币对,MODE_BID)-移
动止损点数*MarketInfo(OrderSymbol(), MODE_POINT) )
                                        {
             //修改订单的止损价格
              bool res1=OrderModify(OrderTicket(),
OrderOpenPrice(), MarketInfo(货币对,MODE_BID)-移动止损点数*
MarketInfo(OrderSymbol(), MODE_POINT), OrderTakeProfit(),
OrderExpiration(),CLR_NONE);
                                        }
                                 }
```

```
                            }

                  else if (OrderType() == OP_SELL)
                  {
                     if (OrderOpenPrice() - MarketInfo(货币对,MODE_ASK)>
启动点数* MarketInfo(OrderSymbol(), MODE_POINT))
                     {
    if (OrderStopLoss() > MarketInfo(货币对,MODE_ASK)+移动止损点数
*MarketInfo(OrderSymbol(), MODE_POINT)||OrderStopLoss()==0.0)
                        {
                     bool res2=OrderModify(OrderTicket(),
OrderOpenPrice(), MarketInfo(货币对,MODE_ASK)+移动止损点数*
MarketInfo(OrderSymbol(), MODE_POINT), OrderTakeProfit(),
OrderExpiration(),CLR_NONE);
                        }
                     }
                  }
               }
            }
         }
    }
```

以买单为例，如果买单的现价比开盘价格高"启动点数"，就启动移动止损功能，修改其止损价格。

2. 模块相关函数解析

移动止损模块功能主要使用修改订单函数，其函数形式为：

```
OrderModify() - 修改订单
bool OrderModify(int ticket, double price, double stoploss,
              double takeprofit, datetime expiration,
              void arrow_color)
```

修改以前的开仓或挂单的订单参数。如果函数成功，则返回 true。如果函数失败，则返回 false。如果想获取详细的错误信息，则调用 GetLastError()函数。

注意：只有挂单才能修改开仓价和过期时间。

参数：

- ticket，要修改的订单(挂单)号。
- price，新的开仓价格（对于挂单有效）。
- stoploss，新止损价位。
- takeprofit，新止盈价位。
- expiration，挂单有效时间（对于挂单有效）。
- Color，图表中平仓箭头颜色。如果参数丢失或使用 CLR_NONE 值，则不会在图表中画出。

示例：

```
    if(TrailingStop>0)
      {
       OrderSelect(12345,SELECT_BY_TICKET);
       if(Bid-OrderOpenPrice()>Point*TrailingStop)
         {
          if(OrderStopLoss()<Bid-Point*TrailingStop)
            {
             OrderModify(OrderTicket(),OrderOpenPrice(),
Bid-Point*TrailingStop,OrderTakeProfit(),0,Blue);
             return(0);
            }
         }
      }
```

此外还有以下系统自带函数。

（1）OrderOpenPrice()

```
OrderOpenPrice() - 获取订单开仓价格
double OrderOpenPrice()
```

返回当前订单的开仓价格。

注意：订单必须用 OrderSelect() 函数提前选定。

示例：

```
  if(OrderSelect(10, SELECT_BY_POS)==true)
    Print("对于订单 10 的开仓价格",OrderOpenPrice());
  else
    Print("OrderSelect 返回错误",GetLastError());
```

(2) OrderStopLoss()

```
OrderStopLoss() - 获取订单止损值
double OrderStopLoss()
```

返回当前订单的止损值。

注意：订单必须用 OrderSelect() 函数提前选定。

示例：

```
  if(OrderSelect(ticket,SELECT_BY_POS)==true)
    Print("对于 10 止损值", OrderStopLoss());
  else
   Print("OrderSelect 失败错误代码是",GetLastError());
```

(3) OrderExpiration()

```
OrderExpiration() - 获取挂单有效时间
datetime OrderExpiration()
```

返回当前挂单的有效时间。

注意：订单必须用 OrderSelect() 函数提前选定。

示例：

```
  if(OrderSelect(10, SELECT_BY_TICKET)==true)
    Print("订单 #10 有效日期为",OrderExpiration());
  else
    Print("OrderSelect 返回的",GetLastError()错误);
```

(4) OrderSymbol()

```
OrderSymbol() - 获取订单交易品种
string OrderSymbol()
```

返回当前订单的交易品种名称。

注意：订单必须用 OrderSelect()函数提前选定。

示例：

```
if(OrderSelect(12, SELECT_BY_POS)==true)
  Print("订单 #", OrderTicket(), " 货币对是", OrderSymbol());
else
 Print("OrderSelect 失败错误代码是",GetLastError());
```

3. 模块使用

移动止损模块有 4 个自定义变量，分别是“启动点数”“移动止损点数”“res1”以及“res2”，我们在使用之前要对其进行声明，如下所示：

```
#property copyright "声响140"
#property copyright "VX:lj568743"
#property link      "https://www.mql5.com"
#property version   "1.00"
#property strict
double 下单量;
string 货币对;
double 最大下单量=100;
double 止损点数,止损价格;
double 止盈点数,止盈价格;
int MAGIC=100;int ticket;int 滑点;
bool 启动警报=false;
//移动止损变量
double 移动止损点数=50;
double 启动点数=100;
bool res1,res2;
```

我们通过编写一个简单的策略来讲解该模块的使用，策略具体内容是：当没有订单时，下一张买单，同时开启移动止损功能。移动止损模块的启动点数是 100 点，移动止损点数是 50 点。如下所示为主程序模块：

```
void OnTick()
  {

   货币对=Symbol();
   if(OrdersTotal()==0)
     {
      下单量=0.05;
```

```
        买上();
    }
    移动止损();
}
```

对这个策略进行历史回测，如图 7-2 所示。可以看到在启动点数之外，该模块对订单进行了一个移动止损的修改，说明达到了我们的要求。

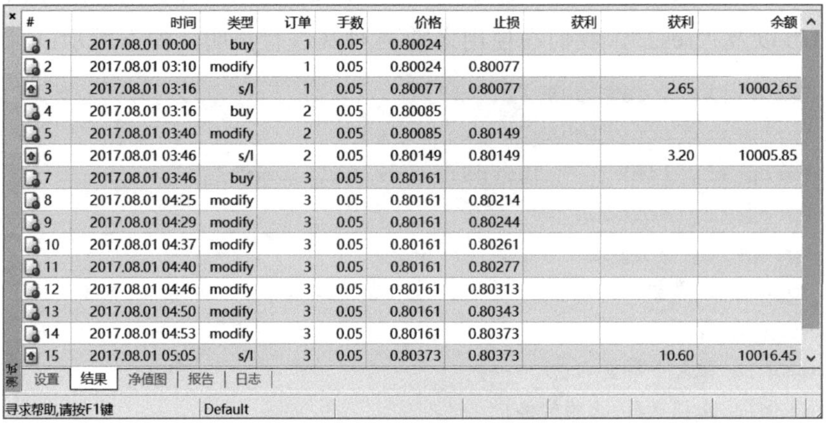

#	时间	类型	订单	手数	价格	止损	获利	获利	余额
1	2017.08.01 00:00	buy	1	0.05	0.80024				
2	2017.08.01 03:10	modify	1	0.05	0.80024	0.80077			
3	2017.08.01 03:16	s/l	1	0.05	0.80077	0.80077		2.65	10002.65
4	2017.08.01 03:16	buy	2	0.05	0.80085				
5	2017.08.01 03:40	modify	2	0.05	0.80085	0.80149			
6	2017.08.01 03:46	s/l	2	0.05	0.80149	0.80149		3.20	10005.85
7	2017.08.01 03:46	buy	3	0.05	0.80161				
8	2017.08.01 04:25	modify	3	0.05	0.80161	0.80214			
9	2017.08.01 04:29	modify	3	0.05	0.80161	0.80244			
10	2017.08.01 04:37	modify	3	0.05	0.80161	0.80261			
11	2017.08.01 04:40	modify	3	0.05	0.80161	0.80277			
12	2017.08.01 04:46	modify	3	0.05	0.80161	0.80313			
13	2017.08.01 04:50	modify	3	0.05	0.80161	0.80343			
14	2017.08.01 04:53	modify	3	0.05	0.80161	0.80373			
15	2017.08.01 05:05	s/l	3	0.05	0.80373	0.80373		10.60	10016.45

设置 | 结果 | 净值图 | 报告 | 日志

寻求帮助,请按F1键 Default

图 7-2 移动止损功能回测

7.4 加密模块

在编写完自动化交易程序之后，由于版权的限制需要给程序增加加密管理。加密管理分为两个独立的部分，一个是对交易账户的限制，即可以给 EA 限定在哪些账户中可以运行，在哪些账户中不能运行；另一个是对 EA 运行时间的限制，即 EA 可以在设定的时间内运行，超过这个时间就不能运行。下面我们分别对这两个部分进行讲解。

1. 账户限制

要实现对交易账户的限制，可以在 EA 框架的初始加载模块中加入一个对账户号码的判断，如果账户号码不匹配就退出 EA。具体的实现方法如下：

```
//+------------------------------------------------------------------
```

```
//|                                                    EA示例.mq4 |
//|                         Copyright 2018, MetaQuotes Software Corp.
//|                                               https://www.mql5.com
//+------------------------------------------------------------------
#property copyright "声响140"
#property copyright "VX:lj568743"
#property link      "https://www.mql5.com"
#property version   "1.00"
#property strict
int 账户号码 =1356568;//填写需要绑定的账户号码
//+------------------------------------------------------------------
//|Expert initialization function                                    |
//+------------------------------------------------------------------
int OnInit()
  {
//---
    EventSetTimer(2);
    if(AccountNumber()!=账户号码)
    {
   MessageBox("该账户未授权，请联系作者VX:lj568743!! ","授权错误
",0x00000000);
        ExpertRemove();
      }
   return(INIT_SUCCEEDED);
  }
```

对账户的判断需要一个自定义账户号码，需要在EA框架自定义变量模块中手动输入EA可以运行的账户号码。

当账户不匹配的时候，会跳出一个对话框，该对话框是MQL4自带函数“MessageBox()”，具体的函数形式如下：

```
MessageBox() - 显示信息框
int MessageBox(void text, void caption, void flags)
```

MessageBox()函数可以创建、显示和控制信息框。信息框内包含应用程序定义的信息内容和标题，也可以定义图标和按钮的任意组合。

参数：

- text：窗口上显示的文字。
- caption：窗口上显示的标题。如果参数为 NULL，则智能交易名称将显示在标题上。
- flags：决定窗口类型和操作的可选项。它们可以是 messagebox 函数标志常量的一种组合。

更加详细的函数介绍可以参考 MQL4 帮助文档。

如果账户号码不匹配，则弹出的对话框如图 7-3 所示，点击“确定”按钮即退出 EA。

图 7-3　账户限制弹出框

2. EA运行时间限制

运行时间限制同账户限制一样，都是在 EA 框架初始加载函数模块中编写的，具体实现的方法如下：

```
//+------------------------------------------------------------------
//|                                                   EA 示例.mq4 |
//|                    Copyright 2018, MetaQuotes Software Corp.
//|                                             https://www.mql5.com
//+------------------------------------------------------------------
#property copyright "声响 140"
```

```
#property copyright "VX:lj568743"
#property link      "https://www.mql5.com"
#property version   "1.00"
#property strict
datetime 现在时间;
int 限制运行时间 = D'2018.08.01';//时间年.月.日(EA 的到期时间)
//+------------------------------------------------------------------
//|Expert initialization function                                  |
//+------------------------------------------------------------------
int OnInit()
  {
//---
      EventSetTimer(2);
      现在时间= TimeCurrent();
     if(现在时间>=限制运行时间)
        {
         MessageBox("该 EA 已过使用时间，请联系作者 VX:lj568743!! ","
时间错误",0x00000000);
         ExpertRemove();
        }
    return(INIT_SUCCEEDED);
  }
```

EA 运行时间限制包含两个自定义变量，我们需要在 EA 框架自定义变量模块中手动输入限制 EA 运行的时间限制。

7.5　本章小结

本章学习了几个新的模块，所有模块的学习都将给后续的编写工作带来极大的方便，这几个新的模块将被整合进编写模板，读者在以后的编写中只需要熟练调用即可。

第 8 章

8

EA 圣杯之路

投资者进入外汇市场的目的很明确，就是要盈利，但是外汇市场断杀惨烈，因为 95%投资者会亏损的现状是不争的事实。绝大多数的投资者输给时间、输给精力、输给知识的匮乏、输给不遵守交易纪律。人人都希望拥有交易的圣杯，但是圣杯却从未显现于人间，能够买到的圣杯不是真正的圣杯，圣杯不出售，出售非圣杯。圣杯更多地存在于操作者心中，也就要求你对外汇市场有更深刻的认识。这更深刻的认识不是凭空想象出来的，而是要有更多的市场数据做支撑，大量数据从何而来？只有从 EA 中来，因此外汇圣杯只存在于会编写 EA 的人手中，但是会编写 EA 并不代表就拥有圣杯，还要有对市场的深刻认识，我们可以用下面的编程语言来表达整个发现圣杯之路。

```
If（有 MQL 编程功底&&领悟外汇市场）
{拥有自己的圣杯;}
if（有 MQL 编程功底&&没有领悟外汇市场）
{MQL 编程匠人;}
if（没有 MQL 编程功底&&领悟外汇市场）
{输给精力;
```

输给时间;

输给手操;}

if（没有 MQL 编程功底&&没有领悟外汇市场）

{输得一塌糊涂;}

努力做到以下几点，也许距离圣杯就会更近一步。

1．常人莫赌，不赌就是赢

赌博的行为在中国已经存在了几千年，在国外同样盛行，美国的拉斯维加斯、韩国等都因博彩业而声名远播。多少人抱着一夜暴富的心态走进赌场，但是理想是美好的，现实是残酷的。鲜有人靠着赌博名留青史、发家致富，而更多的人因为赌博最终家破人亡。

外汇市场因波动巨大、可杠杆操作，吸引了大量投资者进入，但是只有 5%的人盈利的现实却在诉说着外汇市场断杀的惨烈情况，许多投资者把外汇市场当成赌博场，希望以小博大，更希望将外汇市场变成自己的提款机，结果最后大都负债累累。大多数投资者以赌博的心态来操作外汇还浑然不知，具体表现如下。

（1）感觉明天会有一个大的波动，所以决定入场博一下。

（2）我这把操作简直太棒了，但是我只下了 0.02 手，如果下 0.5 手，那么赚得更多。再假如我下 10 手，那么关注了很多天的那辆小汽车就可以提车了，想想都激动。

（3）现在账户上的资金还能下两手，我决定全部下单，如果赢了就发财了，如果亏了就当没有这个钱。

（4）今天的操作很有感觉，要趁着现在的“盘感”多操作几次。

（5）看黄历今天下午我的财运很旺，到时候要入场操作。

……

以上这些行为都说明了在很多人的内心深处潜意识里还是深藏赌性的。现在社会上有很多反赌人士，他们以自己的过往经历告诉大家赌博的危害性，提醒大家远离赌博。如果在外汇操作中你依然让潜意识中的“赌性”占据上风，那么操作的后果必然是爆仓。也许有人一时会成功，但是只要在外汇市场待足够长的时间，结局必然一样是失败。

只要你在外汇市场没有赌博的心态，你就战胜了 95%的做外汇的人，切记：不赌就是赢。

2. 小资金请远离外汇市场

因为外汇市场可以加杠杆操作，所以充斥着大量以小博大、用小资金撬动高收益的故事。在外汇论坛中以 100 美元起步、半年翻 20 倍的帖子往往留言者众多，这种经历带给人的感官刺激往往要远超百万元资金年 20%回报率的情况。同时这样的故事也吸引着越来越多的投资人加入外汇投资的行列，人人都希望使用小资金得到大收益回报的故事能够发生在自己身上。

这种事情也从侧面说明了外汇散户的资金量都不是很大，但是笔者有幸看过某平台的后台数据，一个惊人发现是 90%~95%的客户资金在 1 万美元以下，绝大部分的亏损爆仓都发生在这样的账户中。500 美元、1000 美元这样的资金规模在外汇市场中操作，无疑是在给平台商送钱，其本质上也还是赌博，在和外汇商对赌。在外汇操作中加入杠杆是一个很好的金融创新，但是杠杆的作用绝不是为了帮助客户以小博大。正因为外汇散户存在 95%的亏损情况，很多的外汇平台商转变身份做市商，我们所亏损的就是平台商的盈利，我们所盈利的就是平台商的亏损。在这种情况下，我们拿几十美元、几百美元去博上千美元的获利，难度可想而知。

并不是说我们用上百万美元去操作外汇就一定能赢。下面从风险角度来计算两个账户，账户 A 是 1000 美元，账户 B 是 10 000 美元，两个账户采用同样的操作策略，同时各亏损 100 美元，账户 A 的风险是 10%，那么账户 B 的风险是 1%，账户 B 的抗风险能力肯定比账户 A 要强。如果亏损 1000 美元呢？账户 A 则爆仓，账户 B 的风险是 10%。这也就说明要想提高账户的抗风险能力，提高资金规模是一个方法。

3．放弃使用指标

技术分析永远无法绕开各种指标。市场上的指标多如牛毛，有趋势类指标、震荡类指标，还有未来指标，指标名字五花八门，使用方法千奇百怪，但是笔者提醒读者：请放弃使用指标。

指标是 K 线数据或简单或复杂的数学计算，在本质上都是一样的，反映的是市场过往的情况，虽然历史总是惊人地相似，但也只是相似而不是相同，更加不是前期的简单复制。走势充满了不确定性，正是这种不确定性，才让无数投资者为之着迷、为之疯狂。所以指标有一个称呼——“马后炮”，这很贴切。许多大师级专家或者指标作者喜欢鼓吹指标多么厉害、多么准确，说如果使用效果不好，就是你的使用方法不对。我们反过来想，如果指标的作者真的可以靠着自己发明的指标去战胜外汇市场，他会将指标出售吗？不太可能。

我们要牢记一点：若市场发生变化，则指标跟着变化。指标发生变化必然是由市场变化导致的。一个是因一个是果，由因而果，而非由果而因。

- 指标提示买，我们买入，亏损。
- 指标提示买，我们卖出，亏损。
- 指标提示卖，我们买入，亏损。
- 指标提示卖，我们卖出，亏损。

不管我们如何操作，依靠指标就会“亏损”，因为指标往往带我们“入坑”。现在，你学会了编程，学会了 EA 的编写，可以动手将任何一个你感兴趣的指标写成 EA，操作模拟盘试一试，让市场告诉你真实的情况。

4．切莫“偷鸡”

操作外汇，切莫“偷鸡”。“偷鸡不成蚀把米”意思是本想着占些便宜，但是便宜没占成反而把本钱亏掉了。“偷鸡”的行为在非农行情中表现得尤为明显。有人专门做非农行情，因为非农行情波动巨大，如果做得好，“偷鸡”成功一次，一个月甚至一年的利润就都做出来了。有些投资者为了对付这种行情还开发出了双向挂单等策略，以期偷得非农这只“大肥鸡”。但是一失足成千古恨，绝大多数“偷鸡者”，“鸡”没偷到，还亏了本钱。“常在河边走哪有不湿鞋”，一次两次的侥幸成功会无限放大人的自信，终究会在下一次故技重施时给人致命的一击。“成也萧何，败也萧何”，自信心的膨胀会让人忽视风险的存在。

切莫“偷鸡”，要用平常心看待投资、看待行情！

5. 切忌使用马丁策略

我们在前面的章节中已经给大家详细讲解过马丁策略，重申一点：切莫在实战中使用马丁策略！

马丁策略见效快，收益增长快，资金曲线平滑，因此不少资管公司和个人操作者都会使用。但是“成也马丁，败也马丁”，马丁策略最终的归宿还是爆仓。也许你的马丁策略是改良过的，与常规马丁策略不相同，但这也仅仅是推迟了马丁策略爆仓的速度，殊途同归，最终还是会爆仓。如果你相信外汇操作会一直盈利，那么基于相对论，外汇操作也会一直亏损。外汇市场大单边的行情走势一定会发生，只要大单边行情发生，马丁策略就逃不过宿命。在 2017 年有多个货币出现大的单边走势，多少资管公司没有逃过该劫，在没有单边行情时，客户好，资管公司好，一派欣欣向荣、蒸蒸日上的和谐景象，一旦出现大单边行情，客户抽离资金，资管公司关门。

马丁策略，用者谨慎！

6. 学会调整风险

我们把一个策略编写成自动化交易程序，进行历史回测或者模拟盘测试，并不代表开发工作结束了，因为我们不是为了编写而编程，最终的目的是要借助 EA 这个工具使我们的策略盈利。很多人对自己策略的风险以及如何计算风险不清楚，如果不清楚就做不到扬长避短，只有知道了怎样计算风险，才能做到调整风险、降低风险。

例如，很多人使用网格策略，但是不清楚网格策略的风险在哪里，我们在 EA 实战中将网格策略编成 EA，通过历史回测可以发现网格策略间距 200 点和 500 点的风险不一样，下单量 0.01 手和 0.05 手的风险不一样，资金 10 000 元和 20 000 元的风险不一样，还有很多风险点可以在历史回测中发现。这就是为什么我们讲圣杯只可能存在于会编程 EA 的人手中，因为我们通过回测可以掌握大量的市场数据，这些数据会告诉我们怎样降低风险，怎样扬长避短。

7．不迷信任何人以及任何“包你赢钱”的策略

外汇市场作为一个金融投资市场，吸引了各类人员进入，各种挣钱的门道五花八门，在市场上就有专门一类人员被包装成各种金融分析大师，战绩辉煌，靠给顾客指导做单获利。这类人员打着喊单的口号，背地里与平台商暗中勾结，吃客户的“头寸”，客户亏损的钱被喊单人员和平台商私分。这类人员即使懂一些外汇，他想让你赢钱，也是做不到的，如果他们有这种本事，就不需要干这种勾当了，更别说他想方法设法让你亏损了。

在网上经常有人高价出售自己的 EA，宣扬自己的 EA 多么厉害，赚钱能力多么强，并提供了大量的证据，包括回测、实盘数据，结果你相信了，购买了，实盘了，结果爆仓了，所以你疑惑了……为什么有人能够拿出实盘的证据出来，结果自己实盘依然爆仓了？能够拿出来给别人看的那些证据有各种方法造假。因为你没有源码，不知道这个策略到底有没有漏洞。只有自己编写的策略才一清二楚，切莫病急乱投医。

8．外汇——非零和游戏的本质

什么是零和游戏？我们来举一个零和游戏的例子。

我们来抛硬币，猜公花，A 和 B 每次下注 1 块钱，A 一直下注公，B 一直下注花，在抛 500 次之后，你知道是什么结果吗？

答案肯定是：

（1）不是 A 赢就是 B 赢。

（2）不是 A 输就是 B 输。

这就是相对论零和游戏，一方赢，另一方肯定输。

而我们大家都在交易的外汇是怎样一种状态呢？大家肯定都会说它也是零和的。对不起，不是要让大家扫兴，而是提醒外汇投资人要警惕。“95

%的外汇投资人都是输家”这话并不假，也许你不敢相信，也许你不愿意相信，也许你会认为那是我个人的看法，但是你不相信没有用，伤心也没有用，懊恼也没有用，因为事实就是事实。

我们唯一可以做的就是认真研究真相、了解真相、领悟真相，否则我们就会永远属于那 95%，赢钱没份，输钱跑不了。

在外汇交易过程中不管你怎样买上（BUY），还是卖下（SELL），都会输。

这怎么可能？不是说外汇是零和游戏吗？

一个“买上”一个“卖下”，不是一个赚，另一个亏吗？怎么可能两个都是“输家”？这就是外汇市场所谓的“输定投资法”。

下面笔者将提供有力的证据，向各位读者解释什么是“输定投资法”，外汇游戏为什么不被称为相对论零和游戏，又在什么情况下是相对论零和游戏。

我们来编写一个 EA，验证的策略如下：

A，没有订单时买上，B，没有订单时卖下。

止损点数都是 20 点，止盈点数都是 20 点，交易时间段为 2017 年 8 月 1 日—2017 年 8 月 15 日，货币对都为“AUDUSD”。

EA 历史回测的结果如下：

A，没有订单时买上（亏损 1613.34 元），如图 8-1 所示。

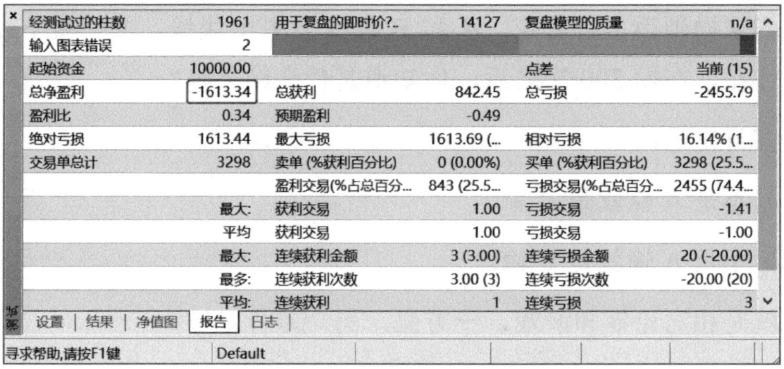

经测试过的柱数	1961	用于复盘的即时价?..	14127	复盘模型的质量	n/a
输入图表错误	2				
起始资金	10000.00			点差	当前 (15)
总净盈利	-1613.34	总获利	842.45	总亏损	-2455.79
盈利比	0.34	预期盈利	-0.49		
绝对亏损	1613.44	最大亏损	1613.69 (...	相对亏损	16.14% (1...
交易单总计	3298	卖单 (%获利百分比)	0 (0.00%)	买单 (%获利百分比)	3298 (25.5...
		盈利交易(%占总百分...	843 (25.5...	亏损交易(%占总百分...	2455 (74.4...
	最大:	获利交易	1.00	亏损交易	-1.41
	平均	获利交易	1.00	亏损交易	-1.00
	最大:	连续获利金额	3 (3.00)	连续亏损金额	20 (-20.00)
	最多:	连续获利次数	3.00 (3)	连续亏损次数	-20.00 (20)
	平均:	连续获利	1	连续亏损	3

设置 | 结果 | 净值图 | 报告 | 日志

寻求帮助,请按F1键 | Default

图 8-1　A，没有订单时买上

B，没有订单时卖下（亏损 1821.58 元），如图 8-2 所示。

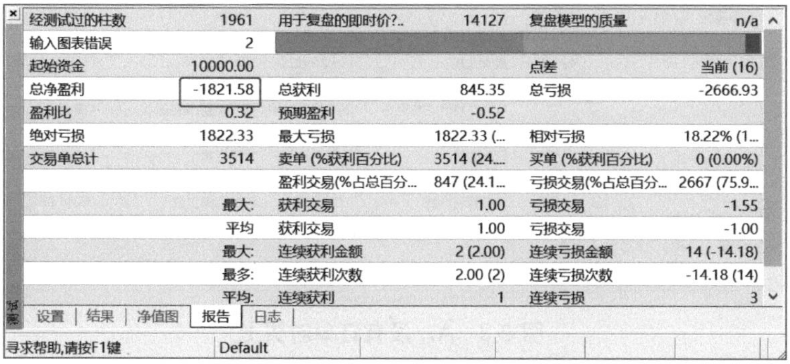

经测试过的柱数	1961	用于复盘的即时价?..	14127	复盘模型的质量	n/a
输入图表错误	2				
起始资金	10000.00			点差	当前 (16)
总净盈利	-1821.58	总获利	845.35	总亏损	-2666.93
盈利比	0.32	预期盈利	-0.52		
绝对亏损	1822.33	最大亏损	1822.33 (...	相对亏损	18.22% (1...
交易单总计	3514	卖单 (%获利百分比)	3514 (24....	买单 (%获利百分比)	0 (0.00%)
		盈利交易(%占总百分...	847 (24.1...	亏损交易(%占总百分...	2667 (75.9...
	最大:	获利交易	1.00	亏损交易	-1.55
	平均	获利交易	1.00	亏损交易	-1.00
	最大:	连续获利金额	2 (2.00)	连续亏损金额	14 (-14.18)
	最多:	连续获利次数	2.00 (2)	连续亏损次数	-14.18 (14)
	平均:	连续获利	1	连续亏损	3

设置 | 结果 | 净值图 | 报告 | 日志

寻求帮助,请按F1键　Default

图 8-2　B，没有订单时卖下

你能从上面的测试中得到什么结论吗？你知道为什么 A 是输家，B 也是输家吗？

不要纠结在没有订单时到底是该买上还是卖下，它仅仅是一个触发条件，如果你还在纠结，那么说明一个问题，即当你很饿的时候，你把饿的原因归结在了国外在打仗这件事上。

从上面的数据分析来看，这是外汇市场中默认的陷阱。如果我们不深入研究，那肯定会不明不白地在陷阱中亏损。

我们再反过来看猜公花这个相对论零和游戏，为什么猜公花是一个赢另一个肯定输，而在外汇中是两个都输？

接着进行我们的验证。

继续上一次的策略、上一次的注码、上一次的时间段、上一次的货币对、上一次的回测周期，把止损点数改成 50 点，把止盈点数也改成 50 点。

你猜一猜结果怎样？

EA 历史回测的结果如下：

A，没有订单时买上（亏损 425.09 元），如图 8-3 所示。

经测试过的柱数	1961	用于复盘的即时价?..	14127	复盘模型的质量	n/a
输入图表错误	2				
起始资金	10000.00			点差	当前 (14)
总净盈利	-425.09	总获利	622.09	总亏损	-1047.17
盈利比	0.59	预期盈利	-0.64		
绝对亏损	425.49	最大亏损	436.29 (4....	相对亏损	4.36% (43...
交易单总计	668	卖单 (%获利百分比)	0 (0.00%)	买单 (%获利百分比)	668 (37.2...
		盈利交易(%占总百分...	249 (37.2...	亏损交易(%占总百分...	419 (62.7...
	最大:	获利交易	2.50	亏损交易	-2.91
	平均	获利交易	2.50	亏损交易	-2.50
	最大:	连续获利金额	4 (10.00)	连续亏损金额	14 (-35.41)
	最多:	连续获利次数	10.00 (4)	连续亏损次数	-35.41 (14)
	平均:	连续获利	1	连续亏损	2

设置 | 结果 | 净值图 | 报告 | 日志

寻求帮助，请按F1键 | Default

图 8-3　A，没有订单时买上

B，没有订单时卖下（亏损 330.43 元），如图 8-4 所示。

答案依然是：外汇基本陷阱——输定论，在前方等着欢迎你的到来。

以上的数据显示：一个买上，另一个卖下，无论用什么货币对、什么时间周期、用什么指标、怎样的切入点，两个都是输定的。

经测试过的柱数	1961	用于复盘的即时价?..	14127	复盘模型的质量	n/a
输入图表错误	2				
起始资金	10000.00			点差	当前 (13)
总净盈利	-330.43	总获利	662.99	总亏损	-993.42
盈利比	0.67	预期盈利	-0.50		
绝对亏损	336.13	最大亏损	338.08 (3....	相对亏损	3.38% (33...
交易单总计	664	卖单 (%获利百分比)	664 (40.0...	买单 (%获利百分比)	0 (0.00%)
		盈利交易(%占总百分...	266 (40.0...	亏损交易(%占总百分...	398 (59.9...
	最大:	获利交易	2.50	亏损交易	-2.68
	平均	获利交易	2.49	亏损交易	-2.50
	最大:	连续获利金额	8 (19.45)	连续亏损金额	8 (-20.00)
	最多:	连续获利次数	19.45 (8)	连续亏损次数	-20.00 (8)
	平均:	连续获利	1	连续亏损	2

设置 | 结果 | 净值图 | 报告 | 日志

寻求帮助，请按F1键 | Default

图 8-4　B，没有订单时卖下

外汇市场所谓的“输定投资法”不是谁发明的，而是 EA 讲的，是有数据支撑的，不管你信不信，它都是存在的。我们很多外汇玩家都不自觉地走上了这条“输定道路”，爆仓 *N* 次依然不明白。

接着进行我们的验证。

继续上一次的策略、上一次的注码、上一次的时间段、上一次的货币对、上一次的回测周期，把止损点数改成 100 点，把止盈点数也改成 100 点。

你猜一猜结果怎样?

EA 历史回测的结果如下：

A，没有订单时买上（亏损 146.64 元），如图 8-5 所示。

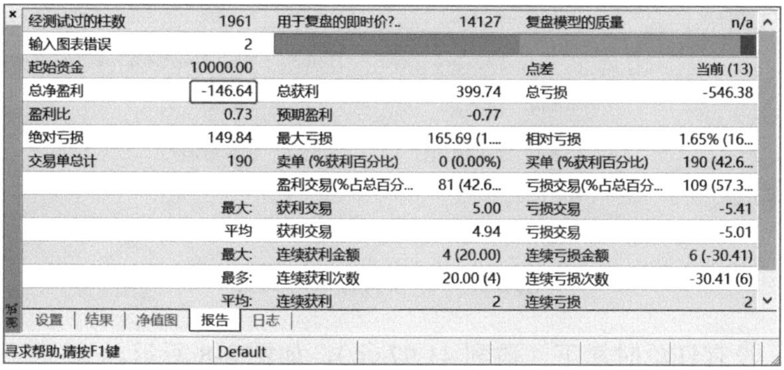

经测试过的柱数	1961	用于复盘的即时价?..	14127	复盘模型的质量	n/a
输入图表错误	2				
起始资金	10000.00			点差	当前 (13)
总净盈利	-146.64	总获利	399.74	总亏损	-546.38
盈利比	0.73	预期盈利	-0.77		
绝对亏损	149.84	最大亏损	165.69 (1...	相对亏损	1.65% (16...
交易单总计	190	卖单 (%获利百分比)	0 (0.00%)	买单 (%获利百分比)	190 (42.6...
		盈利交易(%占总百分...	81 (42.6...	亏损交易(%占总百分...	109 (57.3...
	最大:	获利交易	5.00	亏损交易	-5.41
	平均	获利交易	4.94	亏损交易	-5.01
	最大:	连续获利金额	4 (20.00)	连续亏损金额	6 (-30.41)
	最多:	连续获利次数	20.00 (4)	连续亏损次数	-30.41 (6)
	平均:	连续获利	2	连续亏损	2

设置 | 结果 | 净值图 | 报告 | 日志

寻求帮助,请按F1键　Default

图 8-5　A，没有订单时买上

B，没有订单时卖下（亏损 66.73 元），如图 8-6 所示。

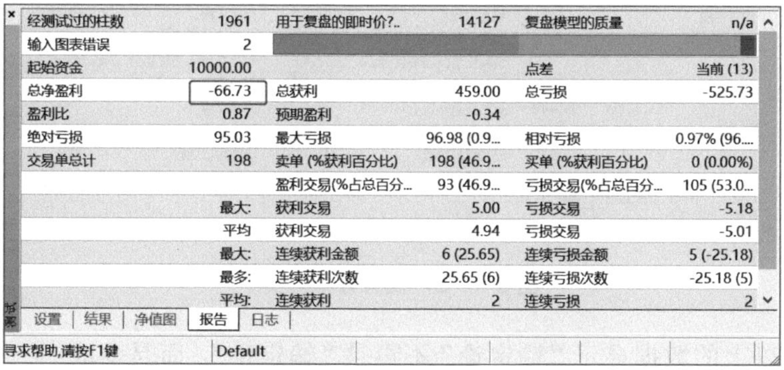

经测试过的柱数	1961	用于复盘的即时价?..	14127	复盘模型的质量	n/a
输入图表错误	2				
起始资金	10000.00			点差	当前 (13)
总净盈利	-66.73	总获利	459.00	总亏损	-525.73
盈利比	0.87	预期盈利	-0.34		
绝对亏损	95.03	最大亏损	96.98 (0.9...	相对亏损	0.97% (96....
交易单总计	198	卖单 (%获利百分比)	198 (46.9...	买单 (%获利百分比)	0 (0.00%)
		盈利交易(%占总百分...	93 (46.9...	亏损交易(%占总百分...	105 (53.0...
	最大:	获利交易	5.00	亏损交易	-5.18
	平均	获利交易	4.94	亏损交易	-5.01
	最大:	连续获利金额	6 (25.65)	连续亏损金额	5 (-25.18)
	最多:	连续获利次数	25.65 (6)	连续亏损次数	-25.18 (5)
	平均:	连续获利	2	连续亏损	2

设置 | 结果 | 净值图 | 报告 | 日志

寻求帮助,请按F1键　Default

图 8-6　B，没有订单时卖下

接着进行我们的验证。

继续上一次的策略、上一次的注码、上一次的时间段、上一次的货币对、上一次的回测周期，把止损点数改成 200 点，把止盈点数也改成 200 点。

你猜一猜结果怎样?

EA 历史回测的结果如下：

A，没有订单时买上（亏损 98.14 元），如图 8-7 所示。

经测试过的柱数	1961	用于复盘的即时价?..	14127	复盘模型的质量	n/a
输入图表错误	2				
起始资金	10000.00			点差	当前 (13)
总净盈利	-98.14	总获利	209.31	总亏损	-307.45
盈利比	0.68	预期盈利	-1.89		
绝对亏损	101.34	最大亏损	120.49 (1....	相对亏损	1.20% (12...
交易单总计	52	卖单 (%获利百分比)	0 (0.00%)	买单 (%获利百分比)	52 (40.38%)
		盈利交易(%占总百分...	21 (40.3...	亏损交易(%占总百分...	31 (59.62%)
	最大:	获利交易	10.00	亏损交易	-10.41
	平均	获利交易	9.97	亏损交易	-9.92
	最大:	连续获利金额	2 (20.00)	连续亏损金额	3 (-30.41)
	最多:	连续获利次数	20.00 (2)	连续亏损次数	-30.41 (3)
	平均:	连续获利	1	连续亏损	2

设置 | 结果 | 净值图 | 报告 | 日志

寻求帮助,请按F1键 Default

图 8-7　A，没有订单时买上

B，没有订单时卖下（盈利 41.97 元），如图 8-8 所示。

经测试过的柱数	1961	用于复盘的即时价?..	14127	复盘模型的质量	n/a
输入图表错误	2				
起始资金	10000.00			点差	当前 (13)
总净盈利	41.97	总获利	293.07	总亏损	-251.10
盈利比	1.17	预期盈利	0.76		
绝对亏损	22.15	最大亏损	33.08 (0.3...	相对亏损	0.33% (33....
交易单总计	55	卖单 (%获利百分比)	55 (54.5...	买单 (%获利百分比)	0 (0.00%)
		盈利交易(%占总百分...	30 (54.5...	亏损交易(%占总百分...	25 (45.45%)
	最大:	获利交易	10.00	亏损交易	-10.55
	平均	获利交易	9.77	亏损交易	-10.04
	最大:	连续获利金额	3 (24.17)	连续亏损金额	2 (-20.55)
	最多:	连续获利次数	24.17 (3)	连续亏损次数	-20.55 (2)
	平均:	连续获利	2	连续亏损	1

设置 | 结果 | 净值图 | 报告 | 日志

寻求帮助,请按F1键 Default

图 8-8　B，没有订单时卖下

从以上的数据显示“输定论”不再是“输定论”，而是变成：一个大输，一个小赢。如果不是相对论，大输肯定还会继续大输，小赢也可能变成小输，怎么办？

接着进行我们的验证。

继续上一次的策略、上一次的注码、上一次的时间段、上一次的货币对、上一次的回测周期，把止损点数改成 500 点，把止盈点数也改成 500 点。

你猜一猜结果怎样？

EA 历史回测的结果如下：

A，没有订单时买上（亏损 81.34 元），如图 8-9 所示。

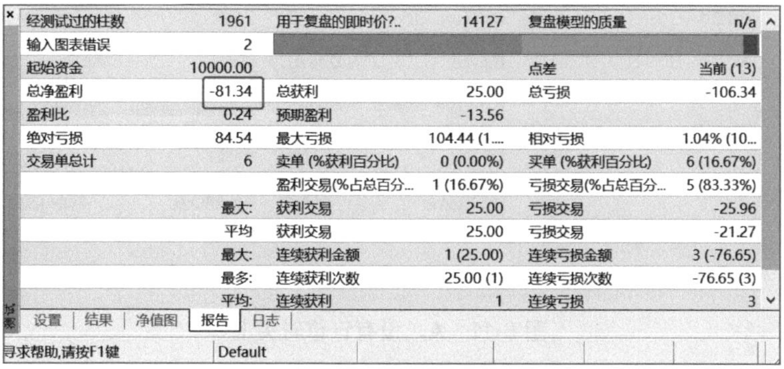

经测试过的柱数	1961	用于复盘的即时价?..	14127	复盘模型的质量	n/a
输入图表错误	2				
起始资金	10000.00			点差	当前 (13)
总净盈利	-81.34	总获利	25.00	总亏损	-106.34
盈利比	0.24	预期盈利	-13.56		
绝对亏损	84.54	最大亏损	104.44 (1....	相对亏损	1.04% (10...
交易单总计	6	卖单 (%获利百分比)	0 (0.00%)	买单 (%获利百分比)	6 (16.67%)
		盈利交易(%占总百分...	1 (16.67%)	亏损交易(%占总百分...	5 (83.33%)
	最大:	获利交易	25.00	亏损交易	-25.96
	平均	获利交易	25.00	亏损交易	-21.27
	最大:	连续获利金额	1 (25.00)	连续亏损金额	3 (-76.65)
	最多:	连续获利次数	25.00 (1)	连续亏损次数	-76.65 (3)
	平均:	连续获利	1	连续亏损	3

设置 | 结果 | 净值图 | 报告 | 日志

寻求帮助,请按F1键　Default

图 8-9　A，没有订单时买上

B，没有订单时卖下（盈利 69.27 元），如图 8-10 所示。

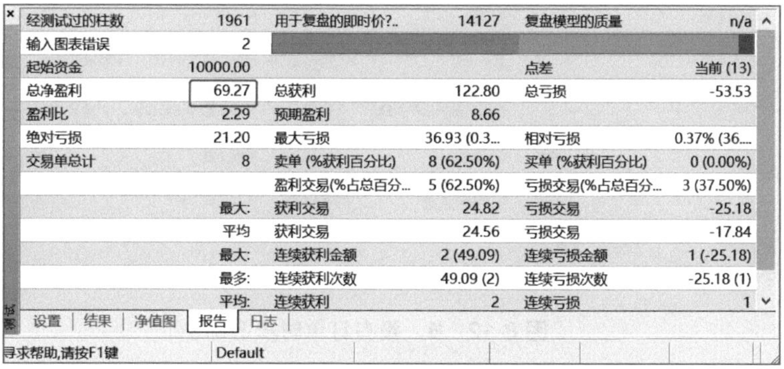

经测试过的柱数	1961	用于复盘的即时价?..	14127	复盘模型的质量	n/a
输入图表错误	2				
起始资金	10000.00			点差	当前 (13)
总净盈利	69.27	总获利	122.80	总亏损	-53.53
盈利比	2.29	预期盈利	8.66		
绝对亏损	21.20	最大亏损	36.93 (0.3...	相对亏损	0.37% (36....
交易单总计	8	卖单 (%获利百分比)	8 (62.50%)	买单 (%获利百分比)	0 (0.00%)
		盈利交易(%占总百分...	5 (62.50%)	亏损交易(%占总百分...	3 (37.50%)
	最大:	获利交易	24.82	亏损交易	-25.18
	平均	获利交易	24.56	亏损交易	-17.84
	最大:	连续获利金额	2 (49.09)	连续亏损金额	1 (-25.18)
	最多:	连续获利次数	49.09 (2)	连续亏损次数	-25.18 (1)
	平均:	连续获利	2	连续亏损	1

设置 | 结果 | 净值图 | 报告 | 日志

寻求帮助,请按F1键　Default

图 8-10　B，没有订单时卖下

现在的回测结果是两者盈亏差不太多，几乎是零和游戏了。

接着进行我们的验证。

继续上一次的策略、上一次的注码、上一次的时间段、上一次的货币对、上一次的回测周期，把止损点数改成 1000 点，把止盈点数也改成 1000 点。

你猜一猜结果怎样?

EA 历史回测的结果如下：

A，没有订单时买上（亏损 76.34 元），如图 8-11 所示。

经测试过的柱数	1961	用于复盘的即时价?..	14127	复盘模型的质量	n/a
输入图表错误	2				
起始资金	10000.00			点差	当前 (13)
总净盈利	-76.34	总获利	0.00	总亏损	-76.34
盈利比	0.00	预期盈利	-38.17		
绝对亏损	82.15	最大亏损	102.05 (1...	相对亏损	1.02% (10...
交易单总计	2	卖单 (%获利百分比)	0 (0.00%)	买单 (%获利百分比)	2 (0.00%)
		盈利交易(%占总百分...	0 (0.00%)	亏损交易(%占总百分...	2 (100.00%)
	最大:	获利交易	0.00	亏损交易	-50.69
	平均	获利交易	0.00	亏损交易	-38.17
	最大:	连续获利金额	0 (0.00)	连续亏损金额	2 (-76.34)
	最多:	连续获利次数	0.00 (0)	连续亏损次数	-76.34 (2)
	平均:	连续获利	0	连续亏损	2

设置 | 结果 | 净值图 | 报告 | 日志

寻求帮助,请按F1键 Default

图 8-11　A，没有订单时买上

B，没有订单时卖下（盈利 70.87 元），如图 8-12 所示。

经测试过的柱数	1961	用于复盘的即时价?..	14127	复盘模型的质量	n/a
输入图表错误	2				
起始资金	10000.00			点差	当前 (13)
总净盈利	70.87	总获利	70.87	总亏损	-0.00
盈利比		预期盈利	35.44		
绝对亏损	21.20	最大亏损	40.23 (0.4...	相对亏损	0.40% (40....
交易单总计	2	卖单 (%获利百分比)	2 (100.0...	买单 (%获利百分比)	0 (0.00%)
		盈利交易(%占总百分...	2 (100.0...	亏损交易(%占总百分...	0 (0.00%)
	最大:	获利交易	49.09	亏损交易	-0.00
	平均	获利交易	35.44	亏损交易	-0.00
	最大:	连续获利金额	2 (70.87)	连续亏损金额	0 (-0.00)
	最多:	连续获利次数	70.87 (2)	连续亏损次数	-0.00 (0)
	平均:	连续获利	2	连续亏损	0

设置 | 结果 | 净值图 | 报告 | 日志

寻求帮助,请按F1键 Default

图 8-12　B，没有订单时卖下

现在的回测结果，除订单被强制平仓的情况之外，基本上一个盈利，另一个亏损，盈亏相差不多，此时基本上是零和的相对论状态。

从以上我们验证回测的情况来看，无论开仓点位在什么地方，无论是买上还是卖下，无论回测时间多长，也无论是什么时间周期，只要你增加止损、止盈，你的策略都就会强制把外汇市场变成非零和市场，也就是我们在操作的时候如果给订单加上止损、止盈，就会输得不明不白。这个结论与我们的默认常识相悖，我们从一进入投资市场就被各种理论灌输，一定要设置止损、止盈，特别是止损，如果没有止损，那这样的操作就是在找死。但是我们学会编程以后，可以自己动手去验证，这个结论不是我们凭空想到的，也不是我们头脑一热拍大腿决定的，而是市场告诉我们的，所有的理论肯定来源于市场，编程很重要的目的就是从市场纷杂的理论中去验证并发现一些正确的理论。

为什么是非零和？零和是好还是不好？明白了之后就可以赢钱了吗？如果你不能了解，不知道为什么会输，又怎么会知道赢呢？如果你不知道为什么失败，那又怎么才能成功呢？靠运气？靠技术？靠别人的 EA？

你还认为止损 10 点就好吗？

你还认为止盈 200 点可以赚大钱吗？

你还认为外汇可以投机取巧吗？

领悟外汇“输定论”，其实就是领悟外汇陷阱。

解决方案：避开陷阱就可以了。

9．淡定投资，盈利自然

外汇市场从无到有，我们投资与否、盈亏与否它都存在。投资不同于投机，如果抱着一种以小博大、捞一笔钱就走的投机心态，那么最好不要涉足外汇领域。淡定投资外汇，盈利自然会来。

附录 A

编写模板

```
//+------------------------------------------------------------------+
//|                                                      模板.mq4 |
//|                      Copyright 2018, MetaQuotes Software Corp. |
//|                                            https://www.mql5.com |
//+------------------------------------------------------------------+
#property copyright "声响140"
#property copyright "VX:lj568743"
#property link      "https://www.mql5.com"
#property version   "1.00"
#property strict
double 下单量;
string 货币对;
double 最大下单量=100;
double 止损点数,止损价格,止损价格1;
double 止盈点数,止盈价格,止盈价格1;
int MAGIC=100;int ticket;int 滑点;
bool 启动警报=false;
double BUYSTOP点数距离=500;
double BUYLIMIT点数距离=500;
double SELLSTOP点数距离=500;
double SELLLIMIT点数距离=500;
double BUYSTOP线条=2,BUYLIMIT线条=1;
```

```
    double SELLSTOP线条=1,SELLLIMIT线条=1;

    double 历史总下单量=0,历史总盈亏=0,历史下单量=0,历史盈亏=0;
    double mbbo=0,mbbprofito=0,msso=0,mssprofito=0,bb=0,
bbprofit=0;
    double ss=0,ssprofit=0,bb1=0,bbprofit1=0,ss1=0,ssprofit1=0;
    double ossa=0,osla=0,obsa=0,obla=0,Twbs=0,Twin=0,Tlbs=0,
Tloss=0;
    double SLOTS=0,mbb=0,mbbprofit=0,BLOTS=0,mss=0,mssprofit=0,
moss=0;
    double mosl=0,mobs=0,mobl=0,profitmm=0,TOTALLOTS=0,TLOTSS=0,
s=0;
    double sprofit=0,LastPricebuy=0,LastPricesell=0,TLOTSB=0,b=0;
    double bprofit=0,TLOTS=0,oss=0,osl=0,obs=0,obl=0,SLASTLOTS=0,
BLASTLOTS=0;
    datetime 一根K线交易一单=0;
    //+------------------------------------------------------------------+
    //| Expert initialization function                                   |
    //+------------------------------------------------------------------+
    int OnInit()
      {

       return(INIT_SUCCEEDED);
      }
    //+------------------------------------------------------------------+
    //| Expert deinitialization function                                 |
    //+------------------------------------------------------------------+
    void OnDeinit(const int reason)
      {
       全部删除物件();
      }
    //+------------------------------------------------------------------+
    //| Expert tick function                                             |
    //+------------------------------------------------------------------+
    void OnTick()
      {
```

```
    //+-----------------------开始编写策略核心-------------------+




    //+-----------------------编写策略核心结束-------------------+

      }


    //+----------------------以下为子函数存储仓库-----------------+

    //+---------------------------------------------------------+
    //| 下买单模块                                             |
    //+---------------------------------------------------------+
       void 买上()
            {
              //将下单量的数值转换成指定的精度
              下单量 = NormalizeDouble(下单量, 2);
              //限制下单量的数值必须大于系统默认该货币对的最小下单量
              if(下单量<MarketInfo(货币对, MODE_MINLOT)){下单量
=MarketInfo(货币对, MODE_MINLOT);}
              //限制最大下单量
              if(下单量>最大下单量){下单量=最大下单量;}
              //限制下单量的数值必须小于系统默认该货币对的最大下单量
              if(下单量>MarketInfo(货币对, MODE_MAXLOT)){下单量
=MarketInfo(货币对, MODE_MAXLOT);}
              //计算订单的止盈价格
              if(止盈点数==0) { 止盈价格=0; } if(止盈点数>0) { 止盈价格
=(MarketInfo(货币对, MODE_ASK))+(止盈点数*MarketInfo(货币
对,MODE_POINT)); }
              //计算订单的止损价格
              if(止损点数==0) { 止损价格=0; } if(止损点数>0) { 止损价格
=(MarketInfo(货币对, MODE_ASK))-(止损点数*MarketInfo(货币
```

```
对,MODE_POINT)); }
              //完成下买单的动作
              ticket=OrderSend(货币对,OP_BUY,下单量,MarketInfo(货币
对, MODE_ASK),滑点,止损价格,止盈价格,"下买单",MAGIC,0,Violet);
              if(ticket<0)
                     {
                       if(启动警报)
                       { Alert("下买单没有成功! ",GetLastError()); }
                     }
                else  {
                       if(启动警报)
                       { Alert("已经成功下了买单! ");}
                     }
             }
    //+------------------------------------------------------------+
    //| 下卖单模块                                                   |
    //+------------------------------------------------------------+
       void 卖下()
             {
              //将下单量的数值转换成指定的精度
              下单量 = NormalizeDouble(下单量, 2);
              //限制下单量的数值必须大于系统默认该货币对的最小下单量
              if(下单量<MarketInfo(货币对, MODE_MINLOT)){下单量
=MarketInfo(货币对, MODE_MINLOT);}
              //限制最大下单量
              if(下单量>最大下单量){下单量=最大下单量;}
              //限制下单量的数值必须小于系统默认该货币对的最大下单量
              if(下单量>MarketInfo(货币对, MODE_MAXLOT)){下单量
=MarketInfo(货币对, MODE_MAXLOT);}
              //计算订单的止盈价格
              if (止盈点数==0) { 止盈价格=0; } if(止盈点数>0) { 止盈价
格=(MarketInfo(货币对, MODE_BID))-(止盈点数*MarketInfo(货币
对,MODE_POINT)); }
              //计算订单的止损价格
              if (止损点数==0) { 止损价格=0; } if(止损点数>0) { 止损价
格=(MarketInfo(货币对, MODE_BID))+(止损点数*MarketInfo(货币
```

```
对,MODE_POINT)); }
                //完成下买单的动作
                ticket=OrderSend(货币对,OP_SELL,下单量,MarketInfo(货币对, MODE_BID),滑点,止损价格,止盈价格,"下卖单",MAGIC,0,GreenYellow);
                if(ticket<0)
                        {
                          if(启动警报)
                          { Alert("下卖单没有成功！",GetLastError()); }
                        }
                  else  {
                          if(启动警报)
                          { Alert("已经成功下了卖单！");}
                        }
                }
   //+------------------------------------------------------------------+
   //| 关闭买单模块                                                      |
   //+------------------------------------------------------------------+
     void 关闭买上()
          {
            //定义要用到的局部变量
            double 卖价;
            double 手数;
            int 订单类型;
            int i;
            bool result = false;
            int 订单号;
            //遍历所有订单
            for(i=OrdersTotal()-1;i>=0;i--)
               {
                 if(OrderSelect(i, SELECT_BY_POS))
                   {
                     ////选择符合要求的订单
                     if(OrdersTotal()>0&&OrderSymbol()==货币对&&OrderMagicNumber()==MAGIC)
                           {
                             //获取要用到的变量数值
```

```
                        卖价=MarketInfo(货币对,MODE_BID);
                        订单号=OrderTicket();
                        手数=OrderLots();
                        订单类型=OrderType();
                        switch(订单类型 )
                           {
                             //如果是买单类型，则将其关闭
                             case OP_BUY:result =
OrderClose(订单号, 手数, 卖价, 滑点, Yellow);
                             break;
                           }
                       }
                   }
                }
            }
   //+------------------------------------------------------------------+
   //| 关闭卖单模块                                                      |
   //+------------------------------------------------------------------+
      void 关闭卖下()
         {
           //定义要用到的局部变量
           double 买价;
           double 手数;
           int 订单类型;
           int i;
           bool result = false;
           int 订单号;
           //遍历所有订单
           for(i=OrdersTotal()-1;i>=0;i--)
              {
                if(OrderSelect(i, SELECT_BY_POS))
                  {
                    //选择符合要求的订单
                    if(OrdersTotal()>0&&OrderSymbol()==货币对 &&
OrderMagicNumber()==MAGIC)
                       {
```

```
                         //获取要用到的变量数值
                         买价=MarketInfo(货币对,MODE_ASK);
                         订单号=OrderTicket();
                         手数=OrderLots();
                         订单类型=OrderType();
                         switch(订单类型 )
                            {
                              //如果是卖单类型，则将其关闭
                               case OP_SELL:result =
OrderClose(订单号, 手数, 买价, 滑点, Red);
                               break;
                            }
                        }
                     }
                  }
              }
   //+------------------------------------------------------------------+
   //| 平盈利单模块                                                      |
   //+------------------------------------------------------------------+
    void 关闭盈利的单()
       {
        //定义要用到的局部变量
        double 买价;
        double 卖价;
        int 订单号;
        double 手数;
        int 订单类型;
        bool result = false;
       //遍历所有订单
       for(int i=OrdersTotal()-1;i>=0;i--)
        {
          if(OrderSelect(i, SELECT_BY_POS))
            {
              //选择盈利的且符合要求的订单
              if(OrderSymbol()==货币对 && OrderProfit()+
OrderSwap()+OrderCommission()>0&& OrderMagicNumber()==MAGIC)
```

```
                        {
                          //获取要用到的变量数值
                          买价=MarketInfo(OrderSymbol(),MODE_ASK);
                          卖价=MarketInfo(OrderSymbol(),MODE_BID);
                          订单号=OrderTicket();
                          手数=OrderLots();
                          订单类型=OrderType();
                          switch(订单类型 )
                            {
                              //如果订单类型满足，则删除订单
                              case OP_BUY:result = OrderClose(订单号,
手数, 卖价,滑点, Yellow);
                              if(启动警报){ Alert(货币对+"买单盈利的单子
关闭 ！");}
                              break;
                              case OP_SELL:result = OrderClose(订单号,
手数, 买价,滑点, Red);
                              if(启动警报){ Alert(货币对+"卖单盈利的单子
关闭 ！");}
                              break;
                            }
                           if(result == false)
                           { if(启动警报){ Alert("EA关闭盈利的订单失败 ！
");}}
                        }
                   }
               }
            }
   //+------------------------------------------------------------------+
   //| 平亏损单模块                                                      |
   //+------------------------------------------------------------------+
    void 关闭亏损的单()
       {
         //定义要用到的局部变量
         double 买价;
         double 卖价;
```

```
            int 订单号;
            double 手数;
            int 订单类型;
            bool result = false;
           //遍历所有订单
           for(int i=OrdersTotal()-1;i>=0;i--)
            {
                if(OrderSelect(i, SELECT_BY_POS))
                  {
                    //选择盈利的且符合要求的订单
                    if(OrderSymbol()==货币对 && OrderProfit()+
OrderSwap()+OrderCommission()<0&& OrderMagicNumber()==MAGIC)
                        {
                          //获取要用到的变量数值
                          买价=MarketInfo(OrderSymbol(),MODE_ASK);
                          卖价=MarketInfo(OrderSymbol(),MODE_BID);
                          订单号=OrderTicket();
                          手数=OrderLots();
                          订单类型=OrderType();
                          switch(订单类型 )
                             {
                               //如果订单类型满足，则删除订单
                               case OP_BUY:result = OrderClose(订单号,
手数, 卖价,滑点, Yellow);
                               if(启动警报){ Alert(货币对+"买单亏损的单子
关闭 ！");}

                               break;
                               case OP_SELL:result = OrderClose(订单号,
手数, 买价,滑点, Red);
                               if(启动警报){ Alert(货币对+"卖单亏损的单子
关闭 ！");}

                               break;
                             }
                           if(result == false)
                           { if(启动警报){ Alert("EA 关闭亏损的订单失败 ！
");}}
```

```
                }
            }
        }
    }
//+------------------------------------------------------------------+
//| BUYSTOP 挂单模块                                                 |
//+------------------------------------------------------------------+
    void BUYSTOP 买上()
        {
            //将下单量的数值转换成指定的精度
            下单量 = NormalizeDouble(下单量, 2);
            //限制下单量的数值必须大于系统默认该货币对的最小下单量
            if(下单量<MarketInfo(货币对, MODE_MINLOT)){下单量
=MarketInfo(货币对, MODE_MINLOT);}
            //限制最大下单量
            if(下单量>最大下单量){下单量=最大下单量;}
            //限制下单量的数值必须小于系统默认该货币对的最大下单量
            if(下单量>MarketInfo(货币对, MODE_MAXLOT)){下单量
=MarketInfo(货币对, MODE_MAXLOT);}
            //限制挂单之间的距离点数和挂单的数量
            if(BUYSTOP 点数距离>2&&BUYSTOP 线条>0)
              {
                for(int K=1; K<=BUYSTOP 线条; K++)
                  {
                    //计算挂单的止盈价格
                    if(止盈点数==0)  { 止盈价格 1=0;止盈价格=0; }
                    if(止盈点数>0)   { 止盈价格 1=(MarketInfo(货币
对, MODE_ASK))+(止盈点数*MarketInfo(货币对,MODE_POINT));止盈价格=止盈
价格 1+(K*(BUYSTOP 点数距离*MarketInfo(货币对,MODE_POINT)));}
                    //计算挂单的止损价格
                    if(止损点数==0)  { 止损价格 1=0;止损价格=0; }
                    if(止损点数>0)   { 止损价格 1=(MarketInfo(货币
对, MODE_ASK))-(止损点数*MarketInfo(货币对,MODE_POINT)); 止损价格=止损
价格 1+(K*(BUYSTOP 点数距离*MarketInfo(货币对,MODE_POINT)));}
                    //完成下挂单的动作
                    ticket=OrderSend(货币对,OP_BUYSTOP,下单
```

```
量,MarketInfo(货币对, MODE_ASK)+(K*BUYSTOP点数距离*MarketInfo(货币对,MODE_POINT)),滑点,止损价格,止盈价格,"BUYSTOP",MAGIC,0,Green);

                }
             if(ticket<0)
                 {
                   if(启动警报)
                   { Alert("BUYSTOP买上失败！");}
                 }
             else
                 {
                   if(启动警报)
                   { Alert("BUYSTOP买上成功！");}
                 }
               }else return;
            }
   //+------------------------------------------------------------------+
   //| BUYLIMIT挂单模块                                                  |
   //+------------------------------------------------------------------+
      void BUYLIMIT买上()
         {
             //将下单量的数值转换成指定的精度
             下单量 = NormalizeDouble(下单量, 2);
             //限制下单量的数值必须大于系统默认该货币对的最小下单量
             if(下单量<MarketInfo(货币对, MODE_MINLOT)){下单量=MarketInfo(货币对, MODE_MINLOT);}
             //限制最大下单量
             if(下单量>最大下单量){下单量=最大下单量;}
             //限制下单量的数值必须小于系统默认该货币对的最大下单量
             if(下单量>MarketInfo(货币对, MODE_MAXLOT)){下单量=MarketInfo(货币对, MODE_MAXLOT);}
             //限制挂单之间的距离点数和挂单的数量
             if(BUYLIMIT点数距离>2&&BUYLIMIT线条>0)
               {
                 for(int K=1; K<=BUYLIMIT线条; K++)
                   {
```

```
                    //计算挂单的止盈价格
                    if(止盈点数==0)  { 止盈价格1=0;止盈价格=0; }
                    if(止盈点数>0)   { 止盈价格1=(MarketInfo(货币
对, MODE_ASK))+(止盈点数*MarketInfo(货币对,MODE_POINT));止盈价格=止盈
价格1-(K*(BUYLIMIT点数距离*MarketInfo(货币对,MODE_POINT)));}
                    //计算挂单的止损价格
                    if(止损点数==0)  { 止损价格1=0;止损价格=0; }
                    if(止损点数>0)   { 止损价格1=(MarketInfo(货币
对, MODE_ASK))-(止损点数*MarketInfo(货币对,MODE_POINT)); 止损价格=止损
价格1-(K*(BUYLIMIT点数距离*MarketInfo(货币对,MODE_POINT)));}
                    //完成下挂单的动作
                    ticket=OrderSend(货币对,OP_BUYLIMIT,下单
量,MarketInfo(货币对, MODE_ASK)-(K*BUYLIMIT点数距离*MarketInfo(货币
对,MODE_POINT)),滑点,止损价格,止盈价格,"BUYLIMIT",MAGIC,0,Green);


                  }
          if(ticket<0)
              {
                if(启动警报)
                { Alert("BUYLIMIT买上失败! ");}
              }
          else
              {
                if(启动警报)
                { Alert("BUYLIMIT买上成功! ");}
              }
            }else return;
        }
   //+------------------------------------------------------------------+
   //| SELLSTOP挂单模块                                                  |
   //+------------------------------------------------------------------+
      void SELLSTOP卖下()
         {
           //将下单量的数值转换成指定的精度
           下单量 = NormalizeDouble(下单量, 2);
           //限制下单量的数值必须大于系统默认该货币对的最小下单量
```

```
                if(下单量<MarketInfo(货币对, MODE_MINLOT)){下单量
=MarketInfo(货币对, MODE_MINLOT);}
                //限制最大下单量
                if(下单量>最大下单量){下单量=最大下单量;}
                //限制下单量的数值必须小于系统默认该货币对的最大下单量
                if(下单量>MarketInfo(货币对, MODE_MAXLOT)){下单量
=MarketInfo(货币对, MODE_MAXLOT);}
                //限制挂单之间的距离点数和挂单的数量
                if(SELLSTOP点数距离>2&&SELLSTOP线条>0)
                  {
                     for(int K=1; K<=SELLSTOP线条; K++)
                       {
                          //计算挂单的止盈价格
                          if(止盈点数==0)  { 止盈价格1=0;止盈价格=0; }
                          if(止盈点数>0)
                          { 止盈价格1=(MarketInfo(货币对, MODE_ASK))-(止
盈点数*MarketInfo(货币对,MODE_POINT));
                          止盈价格=止盈价格1-(K*(SELLSTOP点数距离
*MarketInfo(货币对,MODE_POINT)));}
                          //计算挂单的止损价格
                          if(止损点数==0)  { 止损价格1=0;止损价格=0; }
                          if(止损点数>0)
                          { 止损价格1=(MarketInfo(货币对, MODE_ASK))+(止
损点数*MarketInfo(货币对,MODE_POINT));
                          止损价格=止损价格1-(K*(SELLSTOP点数距离
*MarketInfo(货币对,MODE_POINT)));}
                          //完成下挂单的动作
                          ticket=OrderSend(货币对,OP_SELLSTOP,下单
量,MarketInfo(货币对, MODE_ASK)-(K*SELLSTOP点数距离*MarketInfo(货币
对,MODE_POINT)),滑点,止损价格,止盈价格,"SELLSTOP",MAGIC,0,Green);


                       }
                if(ticket<0)
                     {
                        if(启动警报)
                        { Alert("SELLSTOP卖下失败！");}
```

```
            }
        else
            {
              if(启动警报)
              { Alert("SELLSTOP 卖下成功！");}
            }
          }else return;
      }
//+------------------------------------------------------------------+
//| SELLLIMIT 挂单模块                                                 |
//+------------------------------------------------------------------+
   void SELLLIMIT 卖下()
      {
         //将下单量的数值转换成指定的精度
         下单量 = NormalizeDouble(下单量, 2);
         //限制下单量的数值必须大于系统默认该货币对的最小下单量
         if(下单量<MarketInfo(货币对, MODE_MINLOT)){下单量
=MarketInfo(货币对, MODE_MINLOT);}
         //限制最大下单量
         if(下单量>最大下单量){下单量=最大下单量;}
         //限制下单量的数值必须小于系统默认该货币对的最大下单量
         if(下单量>MarketInfo(货币对, MODE_MAXLOT)){下单量
=MarketInfo(货币对, MODE_MAXLOT);}
         //限制挂单之间的距离点数和挂单的数量
         if(SELLLIMIT 点数距离>2&&SELLLIMIT 线条>0)
           {
             for(int K=1; K<=SELLLIMIT 线条; K++)
               {
                 //计算挂单的止盈价格
                 if(止盈点数==0)  { 止盈价格 1=0;止盈价格=0; }
                 if(止盈点数>0)
                 { 止盈价格 1=(MarketInfo(货币对, MODE_ASK))-(止
盈点数*MarketInfo(货币对,MODE_POINT));
                 止盈价格=止盈价格 1+(K*(SELLLIMIT 点数距离
*MarketInfo(货币对,MODE_POINT)));}
                 //计算挂单的止损价格
```

```
                    if(止损点数==0)  { 止损价格 1=0;止损价格=0; }
                    if(止损点数>0)
                    { 止损价格 1=(MarketInfo(货币对, MODE_ASK))+(止
损点数*MarketInfo(货币对,MODE_POINT));
                    止损价格=止损价格 1+(K*(SELLLIMIT 点数距离
*MarketInfo(货币对,MODE_POINT)));}
                    //完成下挂单的动作
                    ticket=OrderSend(货币对,OP_SELLLIMIT,下单
量,MarketInfo(货币对, MODE_ASK)+(K*SELLLIMIT 点数距离*MarketInfo(货币
对,MODE_POINT)),滑点,止损价格,止盈价格,"SELLLIMIT",MAGIC,0,Green);

                  }
           if(ticket<0)
               {
                 if(启动警报)
                 { Alert("SELLLIMIT 卖下失败! ");}
               }
           else
               {
                 if(启动警报)
                 { Alert("SELLLIMIT 卖下成功! ");}
               }
            }else return;
         }
//+------------------------------------------------------------------+
//| 删除 BUYSTOP 挂单模块                                             |
//+------------------------------------------------------------------+
void 关闭 BUYSTOP 挂单()
  {
   int 订单号=0;
   int 订单类型;
   int i;
   bool result=false;
   for(i=OrdersTotal()-1;i>=0;i--)
    {
     if(OrderSelect(i, SELECT_BY_POS))
```

```
        {
          if(OrderSymbol()==货币对&&OrderMagicNumber()==MAGIC)
          订单号=OrderTicket();
          订单类型=OrderType();
          switch(订单类型)
                {
                  case OP_BUYSTOP:result = OrderDelete(订单号);
                  if(启动警报){ Alert("成功删除 BUYSTOP 挂单");}
                }
          if(result == false)
            {
              if(启动警报){ Alert("删除 BUYSTOP 挂单失败");}
            }
        }
      }
    }
//+------------------------------------------------------------------+
//| 删除 BUYLIMIT 挂单模块                                              |
//+------------------------------------------------------------------+
void 关闭 BUYLIMIT 挂单()
    {
      int 订单号=0;
      int 订单类型;
      int i;
      bool result=false;
      for(i=OrdersTotal()-1;i>=0;i--)
       {
        if(OrderSelect(i, SELECT_BY_POS))
        {
          if(OrderSymbol()==货币对&&OrderMagicNumber()==MAGIC)
          订单号=OrderTicket();
          订单类型=OrderType();
          switch(订单类型)
                {
                  case OP_BUYLIMIT:result = OrderDelete(订单号);
                  if(启动警报){ Alert("成功删除 BUYLIMIT 挂单");}
```

```
              }
           if(result == false)
             {
              if(启动警报){ Alert("删除 BUYLIMIT 挂单失败");}
             }
          }
       }
    }
//+------------------------------------------------------------------+
//| 删除 SELLSTOP 挂单模块                                            |
//+------------------------------------------------------------------+
void 关闭 SELLSTOP 挂单()
    {
     int 订单号=0;
     int 订单类型;
     int i;
     bool result=false;
     for(i=OrdersTotal()-1;i>=0;i--)
      {
        if(OrderSelect(i, SELECT_BY_POS))
         {
           if(OrderSymbol()==货币对&&OrderMagicNumber()==MAGIC)
           订单号=OrderTicket();
           订单类型=OrderType();
           switch(订单类型)
               {
                 case OP_SELLSTOP:result = OrderDelete(订单号);
                 if(启动警报){ Alert("成功删除 SELLSTOP 挂单");}
               }
           if(result == false)
             {
              if(启动警报){ Alert("删除 SELLSTOP 挂单失败");}
             }
          }
       }
    }
```

```
//+------------------------------------------------------------------+
//| 删除 SELLLIMIT 挂单模块                                          |
//+------------------------------------------------------------------+
void 关闭 SELLLIMIT 挂单()
  {
   int 订单号=0;
   int 订单类型;
   int i;
   bool result=false;
   for(i=OrdersTotal()-1;i>=0;i--)
    {
     if(OrderSelect(i, SELECT_BY_POS))
     {
      if(OrderSymbol()==货币对&&OrderMagicNumber()==MAGIC)
      订单号=OrderTicket();
      订单类型=OrderType();
      switch(订单类型)
          {
           case OP_SELLLIMIT:result = OrderDelete(订单号);
           if(启动警报){ Alert("成功删除 SELLLIMIT 挂单");}
          }
      if(result == false)
       {
        if(启动警报){ Alert("删除 SELLLIMIT 挂单失败");}
       }
     }
    }
  }
//+------------------------------------------------------------------+
//| 删除全部挂单模块                                                  |
//+------------------------------------------------------------------+
void 关闭全部挂单()
  {
   int 订单号=0;
   int 订单类型;
   int i;
```

```
    bool result=false;
    for(i=OrdersTotal()-1;i>=0;i--)
     {
       if(OrderSelect(i, SELECT_BY_POS))
       {
         if(OrderSymbol()==货币对&&OrderMagicNumber()==MAGIC)
         订单号=OrderTicket();
         订单类型=OrderType();
         switch(订单类型)
              {
                case OP_BUYLIMIT :
                case OP_BUYSTOP :
                case OP_SELLLIMIT:
                case OP_SELLSTOP :result = OrderDelete(订单号);
                if(启动警报){ Alert("成功删除全部挂单");}
              }
         if(result == false)
           {
             if(启动警报){ Alert("删除全部挂单失败");}
           }
       }
     }
  }
//+------------------------------------------------------------------+
//| 户口检查模块                                                     |
//+------------------------------------------------------------------+
void 户口检查管理()
{
历史总下单量=0;历史总盈亏=0;历史下单量=0;历史盈亏=0;
mbbo=0;mbbprofito=0;msso=0;mssprofito=0;bb=0;bbprofit=0;
ss=0;ssprofit=0;bb1=0;bbprofit1=0;ss1=0;ssprofit1=0;
BLASTLOTS=0;
ossa=0;osla=0;obsa=0;obla=0;Twbs=0;Twin=0;Tlbs=0;Tloss=0;
SLOTS=0;mbb=0;mbbprofit=0;BLOTS=0;mss=0;mssprofit=0;moss=0;
mosl=0;mobs=0;mobl=0;profitmm=0;TOTALLOTS=0;TLOTSS=0;s=0;
sprofit=0;LastPricebuy=0;LastPricesell=0;TLOTSB=0;b=0;
```

```
    bprofit=0;TLOTS=0;oss=0;osl=0;obs=0;obl=0;SLASTLOTS=0;
      for (int r=0; r<OrdersHistoryTotal(); r++)
          {
            if(OrderSelect(r, SELECT_BY_POS, MODE_HISTORY))
              {
                if(OrderType() == OP_BUY || OrderType() == OP_SELL)
                  {
                    历史总下单量+=OrderLots();
                    历史总盈亏+=OrderProfit()+OrderCommission()+
OrderSwap();
                  }
                if(OrderSymbol()==货币对)
                  {
                   历史下单量+=OrderLots();
                   历史盈亏+=OrderProfit()+OrderCommission()+
OrderSwap();
                   if (OrderType() == OP_BUY)
                     {mbbo++; mbbprofito+=OrderProfit()+OrderSwap
()+OrderCommission();}
                   if (OrderType() == OP_SELL)
                     {msso++; mssprofito+=OrderProfit()+OrderSwap()
+OrderCommission();}
                  }
              }
          }

       for (int cnt=0; cnt<OrdersTotal(); cnt++)
          {
            if(OrderSelect(cnt, SELECT_BY_POS, MODE_TRADES))
              {
                if (OrderType() == OP_BUY&& OrderMagicNumber()
==MAGIC)
                   {bb++;bbprofit+=OrderProfit()+OrderSwap()+
OrderCommission();}
                if (OrderType() == OP_SELL&& OrderMagicNumber()=
=MAGIC)
```

```
                    {ss++;ssprofit+=OrderProfit()+OrderSwap()+
OrderCommission();}
                 if (OrderType() == OP_BUY)
                    {bb1++;bbprofit1+=OrderProfit()+OrderSwap()+
OrderCommission();}
                 if (OrderType() == OP_SELL)
                    {ss1++;ssprofit1+=OrderProfit()+OrderSwap()+
OrderCommission();}
                 if (OrderType()==OP_SELLSTOP) {ossa++;}
                 if (OrderType()==OP_SELLLIMIT) {osla++;}
                 if (OrderType()==OP_BUYSTOP) {obsa++;}
                 if (OrderType()==OP_BUYLIMIT) {obla++;}
                 if ((OrderType() == OP_BUY||OrderType() == OP_SELL)
&& (OrderProfit()+OrderSwap()+OrderCommission())>0)
                    {Twbs++;Twin+=OrderProfit()+OrderSwap()+
OrderCommission();}
                 if ((OrderType() == OP_BUY||OrderType() == OP_SELL)
&& (OrderProfit()+OrderSwap()+OrderCommission())<0)
                    {Tlbs++;Tloss+=OrderProfit()+OrderSwap()+
OrderCommission();}
                 if ((OrderType() == OP_BUY||OrderType() ==
OP_SELL)){TOTALLOTS+=OrderLots();}

                 if (OrderSymbol()==货币对 )
                    {
                      if (OrderType() == OP_BUY){BLOTS+=OrderLots();
mbb++;mbbprofit+=OrderProfit()+OrderSwap()+OrderCommission();}
                      if (OrderType() == OP_SELL){SLOTS+=OrderLots();
mss++;mssprofit+=OrderProfit()+OrderSwap()+OrderCommission();}
                      if (OrderType()==OP_SELLSTOP) {moss++;}
                      if (OrderType()==OP_SELLLIMIT) {mosl++;}
                      if (OrderType()==OP_BUYSTOP) {mobs++;}
                      if (OrderType()==OP_BUYLIMIT) {mobl++;}
                      profitmm+=OrderProfit()+OrderSwap()+
OrderCommission();
                    }
```

```
            if (OrderSymbol()==货币对&& OrderMagicNumber()=
=MAGIC )
              {
               if (OrderType() == OP_SELL){SLASTLOTS=OrderLots
();TLOTSS+=OrderLots();s++;sprofit+=OrderProfit()+OrderSwap()+Ord
erCommission();LastPricesell=OrderOpenPrice();}
               if (OrderType() == OP_BUY ){BLASTLOTS=OrderLots
();TLOTSB+=OrderLots();b++;bprofit+=OrderProfit()+OrderSwap()+Ord
erCommission();LastPricebuy=OrderOpenPrice();}
               if (OrderType() == OP_SELL || OrderType() ==
OP_BUY){TLOTS+=OrderLots();}
               if (OrderType()==OP_SELLSTOP) {oss++;}
               if (OrderType()==OP_SELLLIMIT) {osl++;}
               if (OrderType()==OP_BUYSTOP) {obs++;}
               if (OrderType()==OP_BUYLIMIT) {obl++;}
              }
          }
      }

   }
   //+------------------------------------------------------------------+
   //| 画面写字模块                                                      |
   //+------------------------------------------------------------------+
   void 画面的字(string 物件名字,string 文字内容,int X位置,int Y位
置,int 文本字号,string 文本字体,color 文本颜色,int 角落位置)
     {
     //如果没有该物件,就创造以下内容
     if(ObjectFind(0,物件名字)==-1)
     //创建的物件是"OBJ_LABEL"类型
     ObjectCreate(物件名字, OBJ_LABEL, 0, 0, 0);
     //设置该物件的文字内容、字号大小、什么字体和文字的颜色
     ObjectSetText(物件名字,文字内容,文本字号,文本字体,文本颜色);
     //设置该物件的角落位置
     ObjectSet(物件名字,OBJPROP_CORNER,角落位置);
     //设置该物件的X坐标
```

```
    ObjectSet(物件名字, OBJPROP_XDISTANCE, X位置);
    //设置该物件的Y坐标
    ObjectSet(物件名字, OBJPROP_YDISTANCE, Y位置);
  }
//+------------------------------------------------------------------+
//| 按键模块                                                          |
//+------------------------------------------------------------------+
void 按键(string 按键名字,string txt1,string txt2,int X位置,int
Y位置,int 长度,int 宽度,int 角落位置,color 颜色1,color 颜色2,int 字号)
  {
   //如果没有按键,则创建一个并设置以下内容
   if(ObjectFind(0,按键名字)==-1)
   //创建一个"OBJ_BUTTON"类型的按键
   ObjectCreate(0,按键名字,OBJ_BUTTON,0,0,0);
   //设置按键的X坐标
   ObjectSetInteger(0,按键名字,OBJPROP_XDISTANCE,X位置);
   //设置按键的Y坐标
   ObjectSetInteger(0,按键名字,OBJPROP_YDISTANCE,Y位置);
   //设置按键的长度
   ObjectSetInteger(0,按键名字,OBJPROP_XSIZE,长度);
   //设置按键的宽度
   ObjectSetInteger(0,按键名字,OBJPROP_YSIZE,宽度);
   //设置按键上面文字的字体
   ObjectSetString(0,按键名字,OBJPROP_FONT,"微软雅黑");
   //设置按键上文字的大小
   ObjectSetInteger(0,按键名字,OBJPROP_FONTSIZE,字号);
   //设置按键的角落位置
   ObjectSetInteger(0,按键名字,OBJPROP_CORNER,角落位置);
   //设置在图表中优先接收鼠标点击事件
   ObjectSetInteger(0,按键名字,OBJPROP_ZORDER,0);
   //如果按键被按下,则设置以下内容
   if(ObjectGetInteger(0,按键名字,OBJPROP_STATE)==1)
     {
      //如果按键被按下,则设置按键上文字颜色
      ObjectSetInteger(0,按键名字,OBJPROP_COLOR,颜色1);
      //如果按键被按下,则设置按键的背景颜色
```

```
          ObjectSetInteger(0,按键名字,OBJPROP_BGCOLOR,颜色2);
          //如果按键被按下，则设置按键上文字内容
          ObjectSetString(0,按键名字,OBJPROP_TEXT,txt1);
        }
       //如果按键没有被按下，则设置以下内容
       else
         {
          //如果按键没有被按下，则设置按键上文字颜色
          ObjectSetInteger(0,按键名字,OBJPROP_COLOR,颜色2);
          //如果按键没有被按下，则设置按键背景颜色
          ObjectSetInteger(0,按键名字,OBJPROP_BGCOLOR,颜色1);
          //如果按键没有被按下，则设置按键上文字内容
          ObjectSetString(0,按键名字,OBJPROP_TEXT,txt2);
         }
    }
//+------------------------------------------------------------------+
//| 输入框模块                                                        |
//+------------------------------------------------------------------+
void 输入框(string 输入框名字,color 颜色,int X位置,int Y位置,string
初始内容 ,int 长度,int 宽度,color 背景颜色)
    {
     //如果没有输入框，则创建一个并设置以下内容
     if(ObjectFind(0,输入框名字)==-1)
     //创建输入框，类型为OBJ_EDIT""
     ObjectCreate(0,输入框名字,OBJ_EDIT,0,0,0);
     //设置输入框的X坐标
     ObjectSetInteger(0,输入框名字,OBJPROP_XDISTANCE,X位置);
     //设置输入框的Y坐标
     ObjectSetInteger(0,输入框名字,OBJPROP_YDISTANCE,Y位置);
     //设置输入框的长度
     ObjectSetInteger(0,输入框名字,OBJPROP_XSIZE,长度);
     //设置输入框的宽度
     ObjectSetInteger(0,输入框名字,OBJPROP_YSIZE,宽度);
     //设置输入框的输入文字大小
     ObjectSetInteger(0,输入框名字,OBJPROP_FONTSIZE,10);
     //设置输入框的输入文字的对齐方式
```

```
        ObjectSetInteger(0,输入框名字,OBJPROP_ALIGN,ALIGN_CENTER);
        //设置输入框的只读方式
        ObjectSetInteger(0,输入框名字,OBJPROP_READONLY,false);
        //设置输入框的字体颜色
        ObjectSetInteger(0,输入框名字,OBJPROP_COLOR,颜色);
        //设置输入框的背景颜色
        ObjectSetInteger(0,输入框名字,OBJPROP_BGCOLOR,背景颜色);
        //设置输入框的边框颜色
        ObjectSetInteger(0,输入框名字,OBJPROP_BORDER_COLOR,White);
        //设置输入框是否显示背景
        ObjectSetInteger(0,输入框名字,OBJPROP_BACK,false);
        //设置输入框初始的显示文本
        ObjectSetString(0,输入框名字,OBJPROP_TEXT,初始内容);
    }
//+------------------------------------------------------------------+
//| 获取输入框数值模块                                                |
//+------------------------------------------------------------------+
double 获取输入框的值(string 输入框名字)
 {
   string 内容=ObjectGetString(0,输入框名字,OBJPROP_TEXT);
   double 输入框数值=StringToDouble(内容);
   return(输入框数值);
 }
//+------------------------------------------------------------------+
//| 背景面板模块                                                      |
//+------------------------------------------------------------------+
void 面板(string 面板名称,int X 位置,int Y 位置,color 背景颜色,int 面
板长度,int 面板宽度)
  {
   //如果没有面板，则创建一个并设置以下内容
   if(ObjectFind(0,面板名称)==-1)
   ObjectCreate(0,面板名称,OBJ_EDIT,0,0,0);
   //设置面板的 X 坐标
   ObjectSetInteger(0,面板名称,OBJPROP_XDISTANCE,X 位置);
   //设置面板的 Y 坐标
   ObjectSetInteger(0,面板名称,OBJPROP_YDISTANCE,Y 位置);
```

```
    //设置面板的背景颜色
    ObjectSetInteger(0,面板名称,OBJPROP_BGCOLOR,背景颜色);
    ObjectSetInteger(0,面板名称,OBJPROP_SELECTED,true);
    //设置面板显示背景与否
    ObjectSetInteger(0,面板名称,OBJPROP_BACK,false);
    //设置面板的长度
    ObjectSetInteger(0,面板名称,OBJPROP_XSIZE,面板长度);
    //设置面板的宽度
    ObjectSetInteger(0,面板名称,OBJPROP_YSIZE,面板宽度);
    ObjectSetString(0,面板名称,OBJPROP_FONT,"Arial");
    ObjectSetString(0,面板名称,OBJPROP_TEXT,"0");
    ObjectSetInteger(0,面板名称,OBJPROP_FONTSIZE,10);
    ObjectSetInteger(0,面板名称,OBJPROP_COLOR,背景颜色);
    ObjectSetInteger(0,面板名称,OBJPROP_BORDER_COLOR,clrKhaki);
    ObjectSetInteger(0,面板名称,OBJPROP_ALIGN,ALIGN_LEFT);
   }
//+------------------------------------------------------------------+
//| 获取输入框数值模块                                               |
//+------------------------------------------------------------------+
void 全部删除物件()
   {
    int 总数=ObjectsTotal();
    for(int i=总数-1;i>=0;i--)
      {
       string name=ObjectName(i);
       ObjectDelete(name);
      }
    }
//+------------------------------------------------------------------
//| 报错模块                                               |
//+------------------------------------------------------------------
     void 报错模块(string a)
       {
        //自动更新数据
        RefreshRates();
        //判断 EA 是否在优化模式中运行
```

```
if(IsOptimization())
 return;
int 错误代码=GetLastError();
string 报警内容;
if(错误代码!=0)
   switch(错误代码)
     {
      case 3:报警内容=
      "错误代码:"+3+"  无效交易参量";break;
      case 4:报警内容=
      "错误代码:"+4+"  交易服务器繁忙";break;
      case 5:报警内容=
      "错误代码:"+5+"  客户终端旧版本";break;
      case 6:报警内容=
      "错误代码:"+6+"  没有连接服务器";break;
      case 7:报警内容=
      "错误代码:"+7+"  没有权限";break;
      case 9:报警内容=
      "错误代码:"+9+"  交易运行故障";break;
      case 64:报警内容=
      "错误代码:"+64+"  账户禁止";break;
      case 65:报警内容=
      "错误代码:"+65+"  无效账户";break;
      case 129:报警内容=
      "错误代码:"+129+"  无效价格";break;
      case 130:报警内容=
      "错误代码:"+130+"  无效停止";break;
      case 131:报警内容=
      "错误代码:"+131+"  无效交易量";break;
      case 132:报警内容=
      "错误代码:"+132+"  市场关闭";break;
      case 133:报警内容=
      "错误代码:"+133+"  交易被禁止";break;
      case 134:报警内容=
      "错误代码:"+134+"  资金不足";break;
      case 135:报警内容=
```

```
            "错误代码:"+135+"  价格改变";break;
            case 137:报警内容=
            "错误代码:"+137+"  经纪繁忙";break;
            case 139:报警内容=
            "错误代码:"+139+"  订单被锁定";break;
            case 140:报警内容=
            "错误代码:"+140+"  只允许看涨仓位";break;
            case 147:报警内容=
            "错误代码:"+147+"  时间周期被经纪否定";break;
            case 148:报警内容=
            "错误代码:"+148+"  开单和挂单总数已被经纪限定";break;
            case 149:报警内容=
"错误代码:"+149+"  当对冲备拒绝时,打开相对于现有的一个单置";break;
            case 150:报警内容=
            "错误代码:"+150+"  把为反 FIFO 规定的单子平掉";break;
            case 4000:报警内容=
            "错误代码:"+4000+"  没有错误";break;
            case 4001:报警内容=
            "错误代码:"+4001+"  错误函数指示";break;
            case 4002:报警内容=
            "错误代码:"+4002+"  数组索引超出范围";break;
            case 4003:报警内容=
  "错误代码:"+4003+"  对于调用堆栈储存器函数没有足够内存";break;
            case 4004:报警内容=
            "错误代码:"+4004+"  循环堆栈储存器溢出";break;
            case 4005:报警内容=
            "错误代码:"+4005+"  对于堆栈储存器参量没有内存";break;
            case 4006:报警内容=
            "错误代码:"+4006+"  对于字行参量没有足够内存";break;
            case 4007:报警内容=
            "错误代码:"+4007+"  对于字行没有足够内存";break;
            case 4009:报警内容=
            "错误代码:"+4009+"  在数组中没有初始字串符";break;
            case 4010:报警内容=
            "错误代码:"+4010+"  对于数组没有内存";break;
            case 4011:报警内容=
```

```
        "错误代码:"+4011+"  字行过长";break;
        case 4012:报警内容=
        "错误代码:"+4012+"  余数划分为零";break;
        case 4013:报警内容=
        "错误代码:"+4013+"  零划分";break;
       case 4014:报警内容=
       "错误代码:"+4014+"  不明命令";break;
        case 4015:报警内容=
        "错误代码:"+4015+"  错误转换(没有常规错误)";break;
        case 4016:报警内容=
        "错误代码:"+4016+"  没有初始数组";break;
        case 4017:报警内容=
        "错误代码:"+4017+"  禁止调用 DLL ";break;
        case 4018:报警内容=
        "错误代码:"+4018+"  数据库不能下载";break;
        case 4019:报警内容=
        "错误代码:"+4019+"  不能调用函数";break;
        case 4020:报警内容=
        "错误代码:"+4020+"  禁止调用智能交易函数";break;
        case 4021:报警内容=
    "错误代码:"+4021+"  对于来自函数的字行没有足够内存";break;
        case 4022:报警内容=
        "错误代码:"+4022+"  系统繁忙 (没有常规错误)";break;
        case 4050:报警内容=
        "错误代码:"+4050+"  无效计数参量函数";break;
        case 4051:报警内容=
        "错误代码:"+4051+"  无效参量值函数";break;
        case 4052:报警内容=
        "错误代码:"+4052+"  字行函数内部错误";break;
        case 4053:报警内容=
        "错误代码:"+4053+"  一些数组错误";break;
        case 4054:报警内容=
        "错误代码:"+4054+"  应用不正确数组";break;
        case 4055:报警内容=
        "错误代码:"+4055+"  自定义指标错误";break;
        case 4056:报警内容=
```

```
"错误代码:"+4056+"  不协调数组";break;
case 4057:报警内容=
"错误代码:"+4057+"  整体变量过程错误";break;
case 4058:报警内容=
"错误代码:"+4058+"  整体变量未找到";break;
case 4059:报警内容=
"错误代码:"+4059+"  测试模式函数禁止";break;
case 4060:报警内容=
"错误代码:"+4060+"  没有确认函数";break;
case 4061:报警内容=
"错误代码:"+4061+"  发送邮件错误";break;
case 4062:报警内容=
"错误代码:"+4062+"  字行预计参量";break;
case 4063:报警内容=
"错误代码:"+4063+"  整数预计参量";break;
case 4064:报警内容=
"错误代码:"+4064+"  双预计参量";break;
case 4065:报警内容=
"错误代码:"+4065+"  数组作为预计参量";break;
case 4066:报警内容=
"错误代码:"+4066+"  刷新状态请求历史数据";break;
case 4067:报警内容=
"错误代码:"+4067+"  交易函数错误";break;
case 4099:报警内容=
"错误代码:"+4099+"  文件结束";break;
case 4100:报警内容=
"错误代码:"+4100+"  一些文件错误";break;
case 4101:报警内容=
"错误代码:"+4101+"  错误文件名称";break;
case 4102:报警内容=
"错误代码:"+4102+"  打开文件过多";break;
case 4103:报警内容=
"错误代码:"+4103+"  不能打开文件";break;
case 4104:报警内容=
"错误代码:"+4104+"  不协调文件";break;
case 4105:报警内容=
```

```
          "错误代码:"+4105+"  没有选择订单";break;
          case 4106:报警内容=
          "错误代码:"+4106+"  不明货币对";break;
          case 4107:报警内容=
          "错误代码:"+4107+"  无效价格";break;
          case 4108:报警内容=
          "错误代码:"+4108+"  无效订单编码";break;
          case 4109:报警内容=
          "错误代码:"+4109+"  不允许交易";break;
          case 4110:报警内容=
          "错误代码:"+4110+"  不允许长期";break;
          case 4111:报警内容=
          "错误代码:"+4111+"  不允许短期";break;
          case 4200:报警内容=
          "错误代码:"+4200+"  订单已经存在";break;
          case 4201:报警内容=
          "错误代码:"+4201+"  不明订单属性";break;
          case 4203:报警内容=
          "错误代码:"+4203+"  不明订单类型";break;
          case 4204:报警内容=
          "错误代码:"+4204+"  没有订单名称";break;
          case 4205:报警内容=
          "错误代码:"+4205+"  订单坐标错误";break;
          case 4206:报警内容=
          "错误代码:"+4206+"  没有指定子窗口";break;
          case 4207:报警内容=
          "错误代码:"+4207+"  订单一些函数错误";break;
          case 4250:报警内容=
          "错误代码:"+4250+"  错误设定发送通知到队列中";break;
          case 4251:报警内容=
          case 4252:报警内容=
          case 4253:报警内容=
          "错误代码:"+4253+"  通知发送过于频繁";break;
         }
    if(错误代码!=0)
      {
```

```
            //如果交易繁忙
             while(IsTradeContextBusy())
             //暂停执行 300 毫秒
                Sleep(300);
             Print(a+报警内容);
            }
         }
//+------------------------------------------------------------------
//| 日盈利统计模块                                                   |
//+------------------------------------------------------------------
double 日盈利获取(int K)
 {
   //定义局部变量
   double 获利 = 0;
   //遍历历史订单
   for (int i = 0; i < OrdersHistoryTotal(); i++)
     {
        //选择订单
        if (!(OrderSelect(i, SELECT_BY_POS, MODE_HISTORY)))
break;
          //指定货币对
          if (OrderSymbol() == 货币对)
             //限定收盘时间为某一天的开始和结束之间
                            if(OrderCloseTime()>=iTime(货币对,
PERIOD_D1, K)&&OrderCloseTime()<iTime(货币对, PERIOD_D1, K)+86400)
               //获取盈亏值
  获利 = 获利 + OrderProfit() + OrderCommission() + OrderSwap();
     }
   //返回函数的盈亏值
   return (获利);
```

B

附录 B

常用函数列表

1. AccountCompany()

```
AccountCompany() - 获取账户所在公司名称
string AccountCompany()
```

返回账户所在公司名称。

示例：

```
Print("账户所在公司名:", AccountCompany());
```

2. AccountName()

```
AccountName() - 获取账户名
string AccountName()
```

返回账户的账户名。

示例：

```
Print("账户名:", AccountName());
```

3. AccountNumber()

```
AccountNumber() - 获取账户号码
int AccountNumber()
```

返回账户的账户号码。

示例：

```
Print("账户号码:", AccountNumber());
```

4. AccountServer()

```
AccountServer() - 获取账户连接的服务器名称
string AccountServer()
```

返回账户连接的服务器名称。

示例：

```
Print("服务器名称:", AccountServer());
```

5. AccountLeverage()

```
AccountLeverage() - 获取账户杠杆比例
int AccountLeverage()
```

返回账户杠杆比例。

示例：

```
Print("账户杠杆比例:", AccountLeverage());
```

6. AccountBalance()

```
AccountBalance() - 获取账户余额
double AccountBalance()
```

返回账户余额（账户中金额）。

示例：

```
Print("账户余额 = ",AccountBalance());
```

7. AccountEquity()

```
AccountEquity() - 获取账户净值
double AccountEquity()
```

返回账户净值。

示例：

```
Print("账户净值 = ", AccountEquity());
```

8．AccountFreeMargin()

```
AccountFreeMargin() - 获取账户可用保证金
double AccountFreeMargin()
```

返回账户可用保证金。

示例：

```
Print("账户可用保证金 = ", AccountFreeMargin());
```

9．AccountMargin()

```
AccountMargin() - 获取账户已用保证金
double AccountMargin()
```

返回账户已用保证金金额。

示例：

```
Print("账户已用保证金:", AccountMargin());
```

10．AccountServer()

```
AccountServer() - 获取账户连接的服务器名称
string AccountServer()
```

返回账户连接的服务器名称。

示例：

```
Print("服务器名称:", AccountServer());
```

11．MarketInfo()

```
MarketInfo() - 获取市场相关信息
double MarketInfo(string symbol, int type)
```

返回在市场观察窗口中列出的不同货币对的相关信息数据。

参数：

- symbol，货币对名称。
- type，请求返回定义的信息类型标识符，可以是请求标识符的任意值。

示例：

```
   double bid   =MarketInfo("EURUSD",MODE_BID);
```

```
double ask   =MarketInfo("EURUSD",MODE_ASK);
double point =MarketInfo("EURUSD",MODE_POINT);
int    digits=MarketInfo("EURUSD",MODE_DIGITS);
int    spread=MarketInfo("EURUSD",MODE_SPREAD);
```

12. NormalizeDouble()

```
NormalizeDouble() - 标准化双精度型数值
double NormalizeDouble(double value, int digits)
```

浮点型数值四舍五入到指定的精度，返回标准化双精度型数值。

参数：

- value，要转换的数值。
- digits，精度要求，小数点后位数（0~8）。

示例：

```
double var1=0.123456789;
Print(DoubleToStr(NormalizeDouble(var1,5),8));
// 输出的信息为: 0.12346000
```

13. MarketInfo()

MarketInfo("EURUSD", MODE_MINLOT)表示输出的结果为对应货币对平台允许的最小下单量。

MarketInfo("EURUSD", MODE_MAXLOT)表示输出的结果为对应货币对平台允许的最大下单量。

14. OrderSend()

```
OrderSend() - 发出订单
int OrderSend(string symbol, int cmd, double volume,
              double price, int slippage, double stoploss,
              double takeprofit, void comment, void magic,
              void expiration, void arrow_color)
```

主要用于开市价单和挂单交易。

如果成功，则由交易服务器返回订单的编号，如果失败，则返回–1。

参数：

- symbol，交易货币对。
- cmd，交易类型。
- volume，交易手数。
- price，交易价格。
- slippage，最大允许滑点数。
- stoploss，止损价格。
- takeprofit，止盈价格。
- comment，注释文本，注释的最后部分可以由服务器修改。
- magic，订单魔术编号。可以作为用户指定识别码使用。
- expiration，订单有效时间（只限挂单）。
- arrow_color，图表上箭头颜色。如果参数丢失或使用 CLR_NONE 价格值，则不会在图表中画出。

示例：

```
   int ticket;
   if(OrdersTotal()==0)
     {
      ticket=OrderSend(Symbol(),OP_BUY,1,Ask,3,Ask-25*Point,
Ask+25*Point,"My order #2",16384,0,Green);
      if(ticket<0)
        {
         Print("OrderSend 失败错误 #",GetLastError());
         return(0);
        }
     }
```

15. OrderSelect()

```
OrderSelect() - 选择订单
bool OrderSelect(int index, int select, void pool)
```

本函数选择一个订单，等待做进一步的处理。如果函数成功，则返回

true，如果函数失败，则返回 false。

如果通过订单编号选定订单，则 pool 参数应忽略。

参数：

- index，订单索引或订单号，这取决于第 2 个参数。
- select，选定模式。可以为以下的任意值。
  - SELECT_BY_POS，按订单表中索引。
  - SELECT_BY_TICKET，按订单号。
- pool，可选择订单索引。当选择 SELECT_BY_POS 参数时使用。可以为以下的任意值。
  - MODE_TRADES（默认），来自交易的订单（开单和挂单）。
  - MODE_HISTORY，来自历史的订单（已平仓或取消的订单）。

16. OrderLots()

```
OrderLots() - 获取订单交易手数
double OrderLots()
```

返回当前订单的交易手数。

注：订单必须用 OrderSelect()函数提前选定。

示例：

```
 if(OrderSelect(10,SELECT_BY_POS)==true)
   Print("订单 10 交易手数",OrderLots());
 else
   Print("OrderSelect 返回的 ",GetLastError()错误);
```

17. OrderTicket()

```
OrderTicket() - 获取订单的订单编号
int OrderTicket()
```

返回当前订单的订单编号。

注：订单必须用 OrderSelect()函数提前选定。

示例：

```
if(OrderSelect(12, SELECT_BY_POS)==true)
  order=OrderTicket();
else
 Print("OrderSelect 失败错误代码",GetLastError());
```

18. OrderType()

```
OrderType() - 获取订单交易类型
int OrderType()
```

返回当前订单的交易类型。

注：订单必须用 OrderSelect()函数提前选定。

示例：

```
int order_type;
if(OrderSelect(12, SELECT_BY_POS)==true)
  {
   order_type=OrderType();
  }
else
  Print("OrderSelect() 返回错误 - ",GetLastError());
```

19. OrderClose()

```
OrderClose() - 平仓
bool OrderClose(int ticket, double lots,
                double price, int slippage, void Color)
```

订单平仓。如果函数执行成功，则返回 true。如果函数执行失败，则返回 false。想要获得详细错误信息，请调用 GetLastError()函数。

参数：

- ticket，订单号。
- lots，平仓手数。
- price，平仓价格。
- slippage，最高滑点数。

- Color，图表中平仓箭头颜色。如果参数丢失或用 CLR_NONE 值，将不会在图表中画出。

示例：

```
if(AccountProfit()>15)
  {
   OrderClose(order_id,1,Ask,3,Red);
   return(0);
  }
```

20. OrderProfit()

```
OrderProfit() - 获取订单盈利金额
double OrderProfit()
```

返回当前订单的盈利金额（除掉期和佣金外）。对于开仓订单来说，当前为浮动盈利。对于已平仓订单来说，当前为固定盈利。

注：订单必须用 OrderSelect()函数提前选定。

示例：

```
if(OrderSelect(10, SELECT_BY_POS)==true)
   Print("订单 10 盈利",OrderProfit());
else
   Print("OrderSelect 返回的错误",GetLastError());
```

21. OrderSwap()

```
OrderSwap() - 获取订单掉期值
double OrderSwap()
```

返回当前订单的掉期值。

注：订单必须用 OrderSelect()函数提前选定。

示例：

```
if(OrderSelect(order_id, SELECT_BY_TICKET)==true)
   Print("对于订单 #", order_id, "掉期", OrderSwap());
```

22. OrderCommission()

```
OrderCommission() - 获取订单佣金数额
```

```
double OrderCommission()
```

返回当前订单的佣金数额。

注：订单必须用 OrderSelect() 函数提前选定。

示例：

```
if(OrderSelect(10,SELECT_BY_POS)==true)
  Print("订单 10 "佣金,OrderCommission());
```

23. OrderDelete()

```
OrderDelete() - 删除挂单
bool OrderDelete(int ticket, void Color)
```

删除指定订单的挂单。如果函数成功，则返回 true。如果函数失败，则返回 false。

参数：

- ticket，要删除的订单（挂单）号。
- Color，图表中平仓箭头颜色。如果参数丢失或用 CLR_NONE 值，则不会在图表中画出。

示例：

```
if(Ask>var1)
  {
   OrderDelete(order_ticket);
   return(0);
  }
```

24. iMA()

```
iMA() - 移动平均线
double iMA(string symbol, int timeframe, int period, int
ma_shift,
           int ma_method, int applied_price, int shift)
```

计算相应的移动平均线数值。

参数：

- symbol，要计算指标数据的货币对名称。NULL 表示当前货币对。
- timeframe，时间周期。0 表示当前图表的时间周期。
- period，MA 计算的周期数。
- ma_shift，MA 偏移量。
- ma_method，MA 方法。有多种数值可供选择，查阅帮助文档可见。
- applied_price，应用的价格。有多种数值可供选择，查阅帮助文档可见。
- shift，从指标缓冲区中获取值的索引（对应的 K 线序列）。

示例：

```
第 N 根 K 线对应的均线数值
=iMA(NULL,0,13,8,MODE_SMMA,PRICE_MEDIAN,N);
```

25. iMACD()

```
iMACD() - MACD 指标
double iMACD(string symbol, int timeframe,
            int fast_ema_period, int slow_ema_period,
            int signal_period, int applied_price, int shift)
```

计算对应 K 线的 MACD 数值。

参数：

- symbol，要计算指标数据的货币对名称。NULL 表示当前货币对。
- timeframe，时间周期。0 表示当前图表的时间周期。
- fast_ema_period，快速移动平均线计算的周期数。
- slow_ema_period，慢速移动平均线计算的周期数。
- signal_period，信号线移动平均计算的周期数。
- applied_price，应用的价格。它可以是应用价格枚举的任意值。
- shift，从指标缓冲区中获取值的索引（相对当前柱子向前移动一定数量周期的偏移量）。

示例：

```
if(iMACD(NULL,0,12,26,9,PRICE_CLOSE,MODE_MAIN,0)>iMACD(NULL,0
,12,26,9,PRICE_CLOSE,MODE_SIGNAL,0)) return(0);
```

26. iCustom()

```
iCustom() - 自定义指标
double iCustom(string symbol, int timeframe, string name,
              ..., int mode, int shift)
```

计算指定的自定义指标并返回它的值。

参数：

- symbol，要计算指标数据的货币对名称。NULL表示当前货币对。
- timeframe，时间周期。可以列举任意值。0表示当前图表的时间周期。
- name，自定义指标编译过的程序名。
- …，参数设置（如果需要）。传递的参数和它们的顺序必须与自定义指标外部参数声明的顺序和类型一致。
- mode，指标线索引。数值可以是从0到7，而且必须与SetIndexBuffer函数使用的索引一致。
- shift，从指标缓冲区中获取值的索引（相对当前柱子向前移动一定数量周期的偏移量）。

示例：

```
double val=iCustom(NULL, 0, "自定义指标1",13,1,0);
```

27. ObjectCreate()

```
ObjectCreate() - 创建对象
bool ObjectCreate(string name, int type, int window,
                  datetime time1, double price1,
                  void     time2, void   price2,
                  void     time3, void   price3)
```

在指定的窗口中用指定的名称、类型和最初的坐标创建对象。与对象有关的坐标个数由对象类型确定，可以是1到3个。如果函数成功，则返回true，否则，返回false。

OBJ_LABEL 类型的对象忽略坐标。用 ObjectSet()定 OBJPROP_XDISTANCE 和 OBJPROP_YDISTANCE 属性。

参数：

- name，对象唯一名称。
- type，对象类型。它可以是对象类型列表的任意值。
- window，要添加对象的窗口索引。窗口索引必须大于或等于 0，并且小于 WindowsTotal()。
- time1，第一点时间。
- price1，第一点价格值。
- time2，第二点时间。
- price2，第二点价格值。
- time3，第三点时间。
- price3，第三点价格值。

示例：

```
// 新文本对象
if(!ObjectCreate("text_object", OBJ_TEXT, 0, D'2004.02.20
12:30', 1.0045))
  {
   Print("错误:不能创建文本! 代码 #",GetLastError());
   return(0);
  }
// 新标签对象
if(!ObjectCreate("label_object", OBJ_LABEL, 0, 0, 0))
  {
   Print("错误:不能创建 label_object! 代码 #",GetLastError());
   return(0);
  }
ObjectSet("label_object", OBJPROP_XDISTANCE, 200);
ObjectSet("label_object", OBJPROP_YDISTANCE, 100);
```

28. ObjectSet()

```
ObjectSet() - 修改指定对象属性值
bool ObjectSet(string name, int index, double value)
```

修改指定对象的属性值。如果函数成功，则返回 true，否则，返回 false。

参数：

- name，要查找的对象名称。
- index，对象属性的索引。
- value，给定的新属性值

示例：

```
    // 将第 1 个坐标移到最后一个柱子的时间
    ObjectSet("MyTrend", OBJPROP_TIME1, Time[0]);
    // 设定第二个斐波纳契水平线
    ObjectSet("MyFibo", OBJPROP_FIRSTLEVEL+1, 1.234);
    // 设置对象可视性，对象显示在 15 分钟和 1 小时图表上
    ObjectSet("MyObject", OBJPROP_TIMEFRAMES, OBJ_PERIOD_M15 |
OBJ_PERIOD_H1);
```

29. OrderModify()

```
OrderModify() - 修改订单
bool OrderModify(int ticket, double price, double stoploss,
              double takeprofit, datetime expiration,
              void arrow_color)
```

修改以前的开仓或挂单的订单参数。如果函数成功，则返回 true。如果函数失败，则返回 false。如果想获取详细的错误信息，请调用 GetLastError()函数。

注：只有挂单才能修改开仓价和过期时间。

参数：

- ticket，要修改的订单（挂单）号。
- price，新的开仓价格（对于挂单有效）。

- stoploss，新止损价位。
- takeprofit，新止盈价位。
- expiration，挂单有效时间（对于挂单有效）。
- Color，图表中平仓箭头颜色。如果参数丢失或用 CLR_NONE 值，则不会在图表中画出。

示例：

```
    if(TrailingStop>0)
      {
       OrderSelect(12345,SELECT_BY_TICKET);
       if(Bid-OrderOpenPrice()>Point*TrailingStop)
         {
          if(OrderStopLoss()<Bid-Point*TrailingStop)
            {
             OrderModify(OrderTicket(),OrderOpenPrice(),
Bid-Point*TrailingStop,OrderTakeProfit(),0,Blue);
             return(0);
            }
         }
      }
```

30. OrderOpenPrice()

```
OrderOpenPrice() - 获取订单开仓价格
double OrderOpenPrice()
```

返回当前订单的开仓价格。

注：订单必须用 OrderSelect()函数提前选定。

示例：

```
    if(OrderSelect(10, SELECT_BY_POS)==true)
      Print("对于订单 10 的开仓价格",OrderOpenPrice());
    else
      Print("OrderSelect 返回错误",GetLastError());
```

31. OrderStopLoss()

```
OrderStopLoss() - 获取订单止损值
double OrderStopLoss()
```

返回当前订单的止损值。

注：订单必须用 OrderSelect()函数提前选定。

示例：

```
 if(OrderSelect(ticket,SELECT_BY_POS)==true)
   Print("对于 10 止损值", OrderStopLoss());
 else
  Print("OrderSelect 失败错误代码是",GetLastError());
```

32. OrderExpiration()

```
OrderExpiration() - 获取挂单有效时间
datetime OrderExpiration()
```

返回当前挂单的有效时间。

注：订单必须用 OrderSelect() 函数提前选定。

示例：

```
 if(OrderSelect(10, SELECT_BY_TICKET)==true)
   Print("订单 #10 有效日期为",OrderExpiration());
 else
   Print("OrderSelect 返回的",GetLastError()错误);
```

33. OrderSymbol()

```
OrderSymbol() - 获取订单交易品种
string OrderSymbol()
```

返回当前订单的交易品种名称。

注：订单必须用 OrderSelect()函数提前选定。

示例：

```
 if(OrderSelect(12, SELECT_BY_POS)==true)
   Print("订单 #", OrderTicket(), " 货币对是", OrderSymbol());
```

34. MessageBox()

```
MessageBox() - 显示信息框
int MessageBox(void text, void caption, void flags)
```

MessageBox()函数可以创建、显示和控制信息框。信息框内包含应用程序定义的信息内容和标题，也可以是预定义的图标和按钮的任意组合。

参数：

- text，窗口上显示的文字。
- caption，窗口上显示的标题。如果参数为 NULL，则智能交易名称将显示在标题上。
- flags，决定窗口类型和操作的可选项。它们可用为 MessageBox()函数标志常量的一种组合。